洞库式数据中心
高效通风设计关键技术

杨健　张安睿　曾艳华　春军伟　曹晓玲◎著

西南交通大学出版社
·成都·

图书在版编目（CIP）数据

洞库式数据中心高效通风设计关键技术 / 杨健等著.
成都：西南交通大学出版社，2024. 12. -- ISBN 978-7-5774-0175-1

Ⅰ．TU244.5；TU834

中国国家版本馆 CIP 数据核字第 2024HC5904 号

Dongku Shi Shuju Zhongxin Gaoxiao Tongfeng Sheji Guanjian Jishu
洞库式数据中心高效通风设计关键技术

杨　健　张安睿　曾艳华　春军伟　曹晓玲　著

策划编辑	韩　林
责任编辑	杨　勇
封面设计	GT 工作室
出版发行	西南交通大学出版社 （四川省成都市金牛区二环路北一段 111 号 　西南交通大学创新大厦 21 楼）
营销部电话	028-87600564　028-87600533
邮政编码	610031
网　　址	http://www.xnjdcbs.com
印　　刷	成都勤德印务有限公司
成品尺寸	170 mm × 230 mm
印　　张	16.5
字　　数	158 千
版　　次	2024 年 12 月第 1 版
印　　次	2024 年 12 月第 1 次
书　　号	ISBN 978-7-5774-0175-1
定　　价	98.00 元

图书如有印装质量问题　本社负责退换
版权所有　盗版必究　举报电话：028-87600562

前　言

随着数据中心产业发展步入新阶段，数据中心规模稳步增长。然而，数据中心作为耗电大户，根据工信部数据，2021年数据中心耗电量2 166亿千瓦·时，占社会用电量比例达2.6%，相当于1.3个上海市的总社会用电量。从2019年到2022年，全国数据中心机架数和能耗均有较大幅度的增长，根据相关机构调研，2023年数据中心耗电量约为2 700亿千瓦·时，增幅达31.6%，数据中心节能降耗迫在眉睫。

按照当前我国数据中心规模计算，电能利用效率（PUE）每降低0.1，节省用电量150亿千瓦·时，相当于减少碳排放1 200万吨。2021年10月18日，国家发展和改革委员会、工业和信息化部、生态环境部、国家市场监督管理总局、国家能源局联合发布《关于严格能效约束推动重点领域节能降碳的若干意见》，其中提出要加强数据中心绿色高质量发展，明确要求新建大型、超大型数据中心电能利用效率（PUE）不超过1.3。2021年11月，国家发展改革委等四部门联合发布

《贯彻落实碳达峰碳中和目标 要求推动数据中心和5G等新型基础设施绿色高质量发展实施方案》，目标到2025年数据中心运行电能利用效率和可再生能源利用率明显提升，全国新建大型、超大型数据中心平均电能利用效率（PUE）降到1.3以下，国家枢纽节点进一步降到1.25以下。2022年1月，国务院印发"十四五"数字经济发展规划，随后国家发展改革委会同相关部门推进"东数西算"工程实施，强化数据中心绿色发展要求，强调大型、超大型数据中心PUE降到1.3以下。

贵州省交通规划勘察设计研究院股份有限公司结合国家大数据战略布局和贵州省山地特色资源，创新性地提出一种具有"高安全、高能效"特点的新型数据中心——洞库式数据中心，即在山体内布设洞库群，集中放置电子信息设备。洞库式数据中心，建筑体系为首创，无可借鉴经验，设计、施工、管理缺乏相应规范标准指导，在有限地形条件下建造极小净距超大断面立体交叉洞库群、高标准的洞内散热和消防要求、特殊的无水环境等规划布局、防护安全、节能减排、结构设计等方面直面诸多挑战。

本书是作者团队近几年对洞库式数据中心气流组织特性、排热通风计算方法的研究成果的总结。相关研究与成果一定程度上为洞库式数据中心空调设计理论提供了重要的科学意义，对推动洞库式数据中心在我国尤其是贵州省的建设具有重要的战略意义，对推动洞库式数据中心绿色低碳运营管理具有很好的应用前景，可有效降低数据中心PUE指标，对进一步缓解国家节能减排压力起到积极的推动作用。

全书撰写大纲由杨健提出并与张安睿、曾艳华、春军伟共同商讨后确定。全书由张安睿具体组织实施并负责最后的统稿、修改及审定后的定稿。

本书是贵州省交通规划勘察设计研究院股份有限公司洞库式数据中心设计团队全体同志辛勤工作的劳动成果，在写作过程中得到了西南交通大学何川院士团队的支持与协助，作者在此深表谢意！同时感谢贵州省大数据发展管理局科技项目（MCHC-SC20222022）、贵州省交通规划勘察设计研究院股份有限公司自立科研项目（ZLKY2023003）、贵州省山区桥隧工程智能建造与运维全省重点实验室的支持！书中参考或引用了国内外诸多学者的文献，一并表示感谢！

作者水平和能力有限，对洞库式数据中心的认知存在一定局限性，本书所涉及的内容难免有疏漏不足之处，敬请广大读者给予指正。

作　者

2024年12月于贵阳

目录

第1章 绪　论

1.1 数据中心发展趋势 …………………………………………… 003

1.2 数据中心冷却技术 …………………………………………… 008

  1.2.1 自然冷却 ……………………………………………… 009

  1.2.2 风冷技术 ……………………………………………… 016

1.3 洞库式数据中心发展现状 …………………………………… 028

  1.3.1 洞库式数据中心概念及特点 ………………………… 028

  1.3.2 国内洞库式数据中心发展现状 ……………………… 030

  1.3.3 国外洞库式数据中心发展现状 ……………………… 035

第2章　洞库式数据中心通风设计基础

- 2.1 公路隧道通风理论与设计方式 ················· 047
  - 2.1.1 公路隧道通风基础理论 ················· 047
  - 2.1.2 公路隧道通风方式 ··················· 050
  - 2.1.3 通风方式的选择 ··················· 064
- 2.2 洞库群通风设计理论 ····················· 067
  - 2.2.1 洞库群通风系统研究现状 ················ 067
  - 2.2.2 洞库群通风基础理论 ·················· 071
  - 2.2.3 洞库群施工通风特点与难点 ··············· 081
- 2.3 洞库式数据中心通风设计现状 ················· 084

第3章　洞库式数据中心气流疏散特性

- 3.1 冷热通道布局 ························ 089
- 3.2 不同冷热通道布局下气流组织疏散特性模拟 ············ 093
  - 3.2.1 不同冷热通道结构布局模型建立 ·············· 094
  - 3.2.2 模型网格划分及参数设置 ················ 106
  - 3.2.3 侧送上回气流组织分析 ················· 109
  - 3.2.4 上送侧回气流组织分析 ················· 122
  - 3.2.5 中送上回气流组织分析 ················· 134

3.3 冷热通道布局对通风能效影响 ················· 137
    3.3.1 侧送上回方案局部阻力系数 ················ 138
    3.3.2 整体压力损失 ························· 141

第4章 洞库式数据中心通风竖井设计

4.1 竖井烟囱效应 ···························· 147
    4.1.1 烟囱效应及计算方法 ···················· 147
    4.1.2 理论计算 ··························· 148
    4.1.3 数值模拟 ··························· 151
4.2 竖井交叉口结构受力分析 ······················ 157
    4.2.1 计算软件简介 ························ 158
    4.2.2 计算理论依据 ························ 159
    4.2.3 模型建立 ··························· 168
    4.2.4 施工工序 ··························· 170
    4.2.5 结果分析 ··························· 178

第5章 洞库式数据中心排热通风计算

5.1 相关设计规范与设计参数 ······················ 199
5.2 排热需风量计算方法 ························ 204
    5.2.1 计算思路及工况 ······················· 204

		5.2.2 冷负荷计算	206
		5.2.3 湿负荷计算	214
		5.2.4 数据中心通风量计算	216
		5.2.5 计算示例	218
	5.3	通风阻力计算	231
	5.4	风机的选型压力计算	231
		5.4.1 进排风机选型压力	231
		5.4.2 空调风机选型压力	233
	5.5	基于空调主风机选型压力计算	239

参考文献 245

第 1 章

绪 论

第1章 绪论

1.1 数据中心发展趋势

近年来，随着互联网、物联网、5G网络、无人驾驶、智能AI、人脸识别等技术爆发式应用，同时伴随云计算与大数据等国家战略的不断推进，用于承载数据计算与分析的各类大型数据中心也日益增多。2020年3月4日，中共中央政治局常务委员会上明确指出要加快5G网络、大数据中心等新型基础设施建设进度，其中以数据中心等为代表的算力基础设施是"新基建"的重要内容之一。

新型数据中心是指以支撑经济社会数字转型、智能升级、融合创新为导向，以5G、工业互联网、云计算、人工智能等应用需求为牵引，汇聚多元数据资源、运用绿色低碳技术、具备安全可靠能力、提供高效算力服务、赋能千行百业应用，与网络、云计算融合发展的新型基础设施。与传统数据中心相比，新型数据中心具有高技术、高算力、高能效、高安全等特征，在数字化日益普及的今日，新型数据中心能更好支撑新一代信息技术加速创新，加快推动制造强国和网络强

洞库式数据中心高效通风设计关键技术

国建设。2021年7月，工业和信息化部印发《新型数据中心发展三年行动计划（2021—2023年）》，《计划》结合数据中心产业现状和发展趋势，确定了"统筹协调，均衡有序；需求牵引，深化协同；分类引导，互促互补；创新驱动，产业升级；绿色低碳，安全可靠"的基本原则，分阶段制定了发展目标，提出了建设布局优化行动、网络质量升级行动、算力提升赋能行动、产业链稳固增强行动、绿色低碳发展行动、安全可靠保障行动等6个专项行动，包括20个具体任务和6个工程，着力推动新型数据中心发展。

表1-1为2021年数据中心的部分相关政策。

表1-1　数据中心部分相关政策表（2021年）

日期	政策名称	重点解读
2021年12月	《贯彻落实碳达峰碳中和目标要求推动数据中心和5G等新型基础设施绿色高质量发展实施方案》	有序推动以数据中心、5G为代表的新型基础设施绿色高质量发展，发挥其"一业带百业"作用，助力实现碳达峰碳中和目标
2021年11月	《"十四五"信息通信行业发展规划》	国家级互联网骨干直联点数量增至14个，开展首批3个新型互联网交换中心试点。国际通信网络通达和服务能力持续增强。数据中心规模和能效水平大幅提升

续表

日期	政策名称	重点解读
2021年11月	《关于加强产融合作推动工业绿色》	对企业开展全要素、全流程绿色化及智能化改造，建设绿色数据中心。支持建设能源、水资源管控中心，提升管理信息化水平
2021年11月	《关于组织开展国家新型数据中心（2021年）典型案例推荐工作的通知》	为加快新型数据中心建设与应用，更好支撑经济社会各领域数字化转型，经自主申报、地方推荐、专家评审等环节，选出2021年国家新型数据中心典型案例名单
2021年9月	《关于完整准确全面贯彻新发展理念：做好碳达峰碳中和工作的意见》	把节能贯穿于经济社会发展全过程和各领域，持续深化工业、建筑、交通运输、公共机构等重点领域节能，提升数据中心、新型通信等信息化基础设施能效水平

随着数字化技术的快速发展，数据的计算能力、存储规模和宽带的规模逐渐增加，使数据中心市场不断扩大。从数据中心的发展趋势来看，数据中心将会有以下特点：

趋势一：低碳化。气候变暖是人类面临的重大挑战，自21世纪20年代开始，我国决定在2030年实现"碳达峰"，2060年实现"碳中和"。数据中心作为全社会能源消耗的重要组成部分，在规划、设计、建设、运营维护过程中进行节能、节地、节水、节材，将是该产业实现"碳达峰"和"碳中和"的必然趋势。

趋势二：IT系统整合。现在IT服务器复杂性越来越大、成本越来越高、资源多有浪费，为了便于IT数据备份、保护，并符合国家的要求，对数据中心的资源进行系统性的整合统一，方便后期的管理和维护。

趋势三：高可用性。数据中心要求7×24小时保持供冷、供电要求，将企业IT系统的高可用性的级别再次提升。越来越多的企业租用现有数据中心，或构建新设施自建数据中心，更重要的核心企业建设备用数据中心，以便获得快速恢复能力，保证业务连续性。

趋势四：提高数据中心的运行效率。为提高机房的运营效率和管理，使业务需求、IT支出、服务需求协调一致。响应国家绿色数据中心建设，做到数据中心节能要求。基于数据中心的快速发展，一个大型数据中心好的运营团队可以将一个数据中心的PUE在原来设计PUE的基础上降低0.1，提高运营团队效率刻不容缓。

从这些快速的发展趋势来看，未来数据中心的IT服务器数量将会越来越多，能耗也随之越来越大。数据中心的全生命周期管理应运而生。数据中心从开始规划到设计、建设、运营、报废等阶段，都要统筹考虑投资、成本、盈利、节能、环保、生命周期等因素，每个阶段，都要对设备成本进行考虑，实现绿色、环保、成本等综合因素相协调，达到绿色节能效果，实现最低成本目标。绿色数据中心实现智能化，可以提高整体数据中心的工作效率。绿色数据中心必须是一个从设计到报废的过程，把"绿色"运用到整个全生命周期中，每个阶段都不可忽视。

据统计，目前我国与数据中心相关的企业已经达到了12万家，并且数量还在快速增长。2021年我国数据中心总耗电量已经超过2 000亿千瓦·时，比上海市2021年总用电量还要多，达到全社会总用电量的2%，如果折算为二氧化碳排放量，则超过4 000万吨。预计2025年我国数据中心总耗电量可能达到3 000亿千瓦·时。

国内外数据中心普遍接受和采用的一种衡量数据中心基础设施能效的综合指标为电能利用效率PUE（Power Usage Effectiveness），其计算公式为：

$$PUE = 数据中心总能耗/IT设备总能耗$$

从上式可以看出：PUE>1，PUE越小，越接近1，说明数据中心除IT设备以外的能耗越小，数据中心能效比越高；相反，PUE越大，越远离1，说明数据中心除IT设备以外的能耗越大，则数据中心能效比越差。目前，我国数据中心能耗普遍较高，一般PUE值为1.8~2.0，与国外先进水平有较大差距。

1.2　数据中心冷却技术

数据中心的主要能耗组成部分有：服务器IT设备能耗、空调系统能耗、电源系统能耗、照明系统及其他能耗。目前，数据中心能耗过高、PUE值过大的一个重要因素就是其空调系统的能耗过高。服务器设备运行会释放大量热量，但同时其正常运行又对周围环境的温度、湿度与洁净度有非常严格苛刻的要求。根据《数据中心设计规范》（GB50174—2017），主机房推荐的温度为18~27 ℃，推荐的湿度为露点温度5.5~15 ℃，同时相对湿度不大于60%，湿度取最小值露点温度5.5 ℃，折算为相对湿度，主机房的推荐的相对湿度范围为：26%~60%。据统计，我国大部分数据中心中空调系统的能耗平均占到整体能耗的40%左右，部分甚至接近或超过50%。为了降低PUE值，我们必须要降低除IT设备以外的能耗，也就是空调系统的能耗，使得数据中心节能运行。

第1章 绪论

目前数据中心在制冷方面的技术主要有自然冷却与机械制冷,而机械制冷也分为风冷系统和液冷系统等架构。液冷技术作为一种新型的散热方式,主要有浸没、冷板、喷淋三种方式,目前液冷技术还面临着许多挑战,应用较少。因此,本节主要介绍自然冷却和风冷系统。

1.2.1 自然冷却

传统空调方式能源利用率较低,采用先进的节能冷却技术能够有效解决这一问题。合理控制和降低冷却系统的能耗,从而降低数据中心总能耗,不仅可以为企业节约运营成本,也是节能减排的必然要求。针对这一问题,近年来研究人员提出利用自然冷源来对数据中心进行冷却的新型冷却方式,即自然冷却技术。自然冷却指的是一个过程,即冬季及过渡季节,如果室外温度低于数据中心回风温度时,可利用室外自然冷源(空气或水),在不开启或部分开启压缩机的情况下,将数据中心温度降低到指定温度。夏季当室外温度较高,使用自然冷源无法满足冷却要求时,则开启压缩机进行制冷。自然冷却技术可利用自然的冷空气或者低温水源对数据机房进行冷却,具有明显的节能效果。该技术主要包括3种主要方式:风侧自然冷却、水侧自然冷却、热管自然冷却。

1. 风侧自然冷却

风侧自然冷却技术是利用室外冷风来对数据中心进行冷却的技术。在系统中，设置传感器来监测室内和室外的温度，当条件合适时，将室外冷风直接引入室内或者对其进行利用。风侧自然冷却技术是一项很有应用前景的技术。该技术主要分为直接式风侧自然冷却、间接式风侧自然冷却和蒸发冷却等三大类。

（1）直接式风侧自然冷却技术

在室外温度适宜的情况下，直接将部分室外新风引入数据中心是最直接的自然冷却方法，称为直接式风侧自然冷却（如图1-1）。然而，这种方法可能导致室内污染物浓度的提高以及湿度的破坏，从而带来设备故障的风险，因此并未被广泛接受。

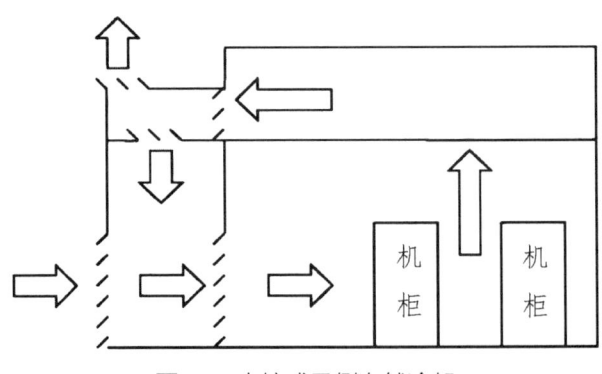

图1-1　直接式风侧自然冷却

（2）间接式风侧自然冷却技术

与直接式风侧自然冷却技术直接引入新风不同，间接式风侧自然冷却技术是通过空气-空气换热器对室外冷空气进行利用（如图1-2）。间接风冷通过换热器来实现对室外冷空气的利用，确保数据中心不受外部环境的干扰。

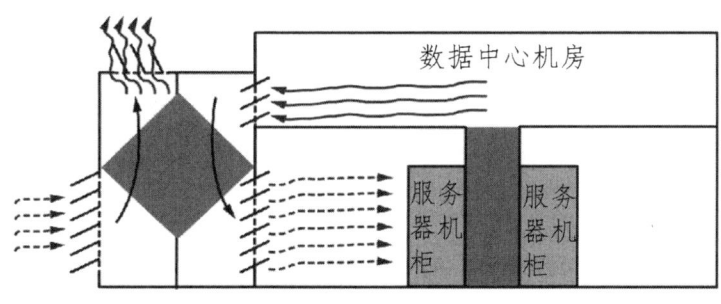

图1-2　间接式风侧自然冷却

（3）蒸发冷却技术

蒸发冷却技术是利用水蒸发冷却原理，采用直接蒸发或者间接蒸发的方式获得冷风的技术。根据蒸发方式的不同分为直接蒸发冷却技术和间接蒸发冷却技术（如图1-3、图1-4）。直接蒸发冷却是使空气和水直接接触，适合在空气质量较好的情况下使用。间接蒸发冷却是指通过间接蒸发冷却芯体，将直接蒸发冷却得到的湿空气的冷量传递给机房循环空气，实现空气等湿降温的过程。直接蒸发冷却技术具有风量大、温差小、冬季加湿效果好等优点。间接蒸发技术具有效率高、不易堵塞等优点。

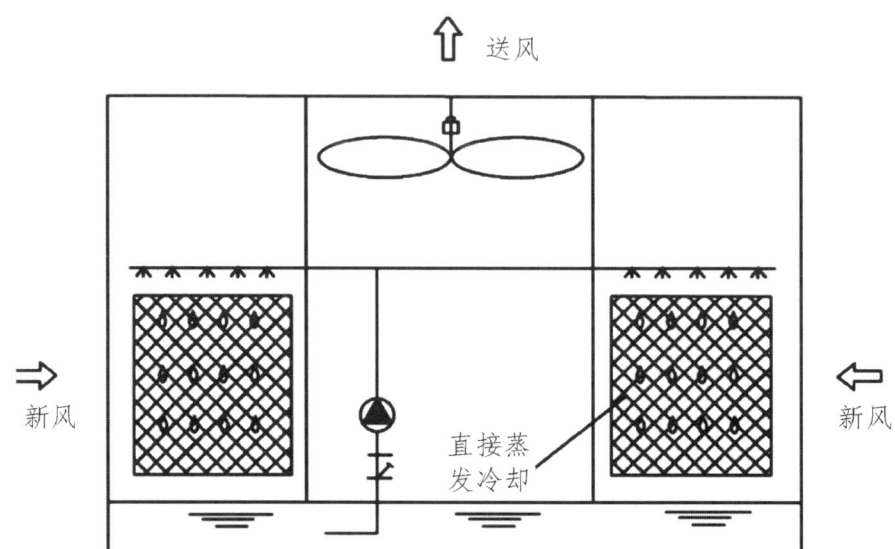

图1-3 直接蒸发冷却机工作原理图

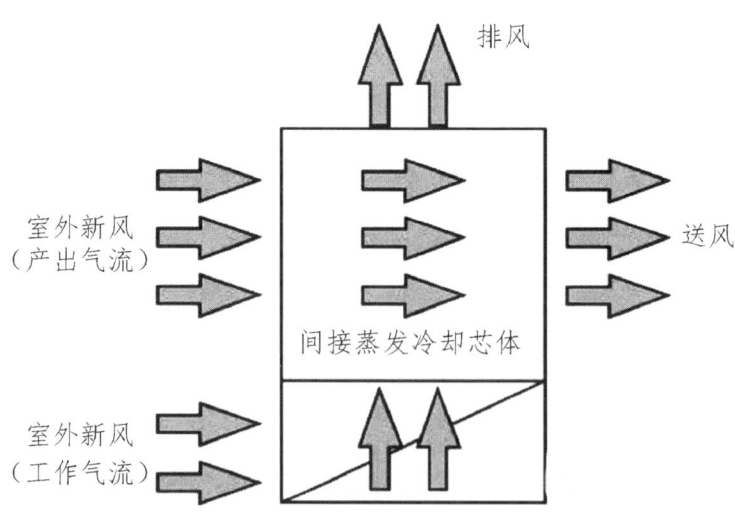

图1-4 间接蒸发冷却芯体工作原理图

2. 水侧自然冷却

水侧自然冷却技术是指直接或从冷水设备中获取自然冷源冷却数据中心，同时保证了内部环境不遭受破坏。利用水侧自然冷却技术的系统方案可以具体划分为3种方式：直接水冷式、空冷式和冷却塔式。

（1）直接水冷式

在直接水冷式系统中，自然冷水直接被用来冷却数据中心内部设施，不需要任何的换热步骤。直接式水侧自然冷却相比于风侧自然冷却有着更高的效率，因此应用范围更为广阔。但这种数据中心依赖水源，其应用受到限制。如图1-5所示。

（2）空冷式

空冷式水侧自然冷却是指采用空气冷却器冷却循环水，辅助空调系统降温。在空冷式系统中，会配备有空气冷却器即干式冷却器，通常是翅片管式换热器。当室外环境湿球温度足够低时，用干式冷却器冷却循环水，辅助数据中心空调系统降温。一个较为广泛的例子是采用次级盘管的系统，如图1-6，当室外温度达到设定值时，循环水在干式冷却器中被室外空气冷却，再流经冷水盘管吸收热量，形成吸热、放热循环，从而减少甚至代替直膨式空调系统制冷，减少能量消耗。当室外自然冷源所提供冷量不足时，直膨式空调系统将启动运行确保室内环境温度稳定，但由于空调系统在风道内设置了盘管，风阻增大，从而增加了风机的能耗，使之与一般的直膨式空调系统相比能效偏低，这也是此类空调系统的一大缺陷。

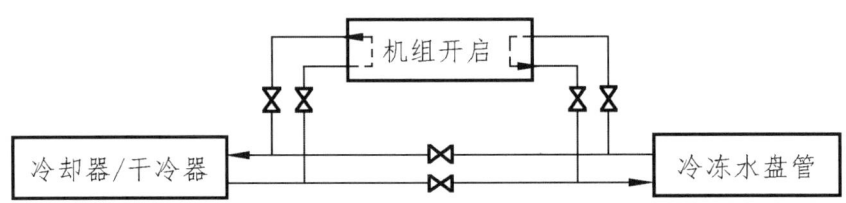

（a）夏季运行

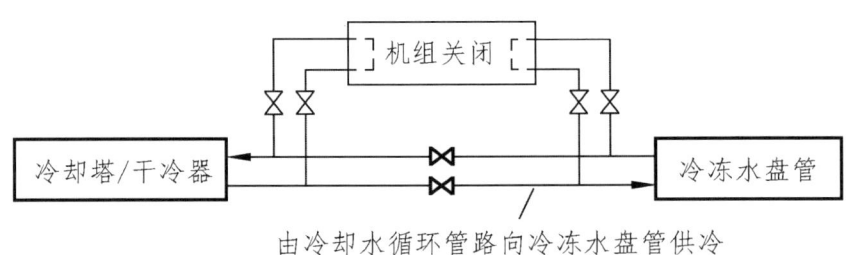

（b）冬季运行

图1-5 直接水侧自然冷却技术示意图

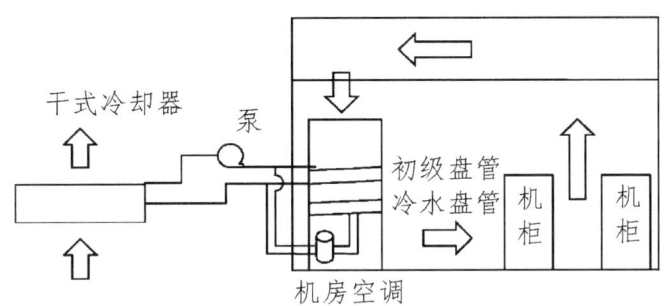

图1-6 采用次级盘管的空冷式水侧自然冷却

（3）冷却塔式

冷却塔技术是指利用自然冷源通过冷却塔制取低温水，从而对数据中心进行冷却的技术，如图1-7。冷却塔系统包括两个循环：一个是冷水机组循环，冷水循环通过数据中心空调系统；另一个是冷却塔循环，通过蒸发冷却方式对循环水进行降温排热。该技术是目前数据中心应用最广泛的自然冷却技术之一。

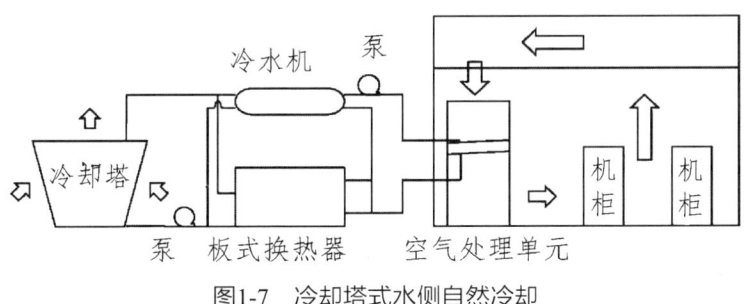

图1-7 冷却塔式水侧自然冷却

3. 热管自然冷却

热管自然冷却技术是指通过热管传递室外冷量的自然冷却技术。该技术具有较强的温度控制性能，并且能够在小温差下进行传热。和传统空调系统相比，热管技术具有更好的气流组织，很大程度上减少了局部热点的存在。热管自然冷却不会对室内空气品质和湿度产生影响，能够更好地利用自然冷源，传热效果更好。因此，近年来热管自然冷却技术越来越受到国内外学者的重视。热管冷却技术进一步可分为两种方式：独立热管自然冷却系统、复合式热管自然冷却系统。

1.2.2 风冷技术

目前市面上大部分都是使用风冷模式对数据中心降温，精密空调出风口保持恒温恒湿的冷却气流。数据中心中主要产生热量的部位是机柜服务器中的CPU、内存条和硬盘等，冷却气流从服务器的入口进入，经过对流换热后的气流温度随服务器硬件设备温度升高而升高，高温气体从服务器的出口流出，最后又回流到精密空调中进行降温，开始下一轮循环。

而为了保证空调房间的温湿度均匀分布，减少局部过冷与过热现象的发生，使得IT设备的运行环境改善、设备故障率降低、能耗水平提高、气流组织合理分布显得尤为重要。数据中心气流组织是指按一定的要求进行组织机房内的气流。气流组织的主要任务是按照一定的气流组织形式，将空调系统产生的冷量进行传送和回收，最终完成机房内热量的传递和交换。

目前机房送风方式大致分为：上送风、下送风、侧间送风、列间送风。根据机房服务器设备的功率密度、布置方式和建筑结构的不同，数据中心选择不同的气流组织方式，不同的气流组织方式下的空调送风系统又有着各自不同的优缺点。

1. 上送风

上送风的送风方式一般分为风帽型上送风和风管型上送风。

风帽型上送风是直接将冷空气从机房空调机组上方的送风口送至机房，与机房内的热空气进行充分的热湿交换，带走热量，完成循环。如图1-8所示，机房结构设施比较简单，地板没有架空，也没有设置风管，对机房的层高没有限制，有效送风距离较近，约为15 m，但送回风容易受到机房机柜的排布方式、机房空调机组的布置位置以及机房的大小形状等因素的影响，因此机房内的温度分布比较不均匀，一般只适用于小型数据中心机房或热流密度较小的建筑。

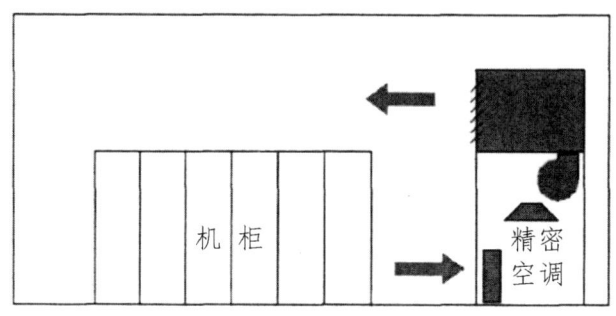

图1-8 风帽型上送风

随着机房空调工程建设领域的发展,风管型上送风方式得以广泛地应用,也逐渐替代了风帽型上送风方式,风管型上送风是通过结合主风管和支风管的设计方式直接将冷空气送至机柜区域对机柜设备进行冷却,如图1-9。风管型上送风方式一般的设计方案有两种:一种是机房中所有的空调机组都与风管连接,对机房送风;另一种是通过并联空调机组,设置送风静压箱,将风管与送风静压箱连接,对机房进行统一通风。

第1章 绪论

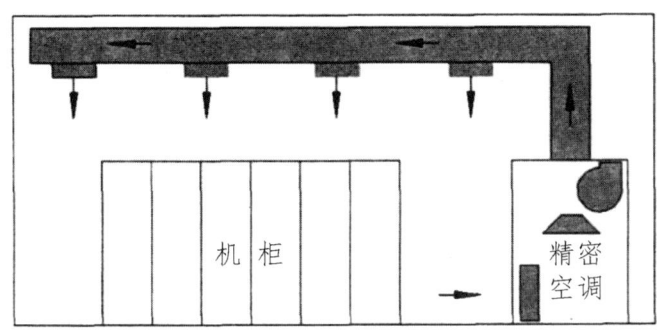

图1-9 风管型上送风

由于数据中心的规模化发展，机房设备集成化不断提高，大功耗设备的安装导致单位面积发热量的增加，使得机房功率密度不断地提升。上送风的气流组织送风方式已不能满足大型数据中心机房环境温度要求，空调上送风的气流组织不合理，从而导致机房内局部温度过高的问题屡次出现。上送侧回式的空调送风方式在数据中心中限制愈加明显，其在实际运营中的运用越来越少。

2. 下送风

主要由静压箱、精密空调和地板格栅构成，其主要原理是将机房放置在静压地板之上，每个机柜的入口对应着下面的地板格栅，机柜使用面对面，背对背方式布置，同时封闭冷通道。精密空调的出风口放置在静压地板下，回风口在地板上部分，精密空调出风口的冷却气流通过静压箱从地板格栅吹出来从服务器的入口进入，对发热单元进行散热，温度升高后的气流从机柜背面出来，在机房中回流再次进入到精密空调中。

大中型规模的数据中心机房空调系统通常采用下送上回、冷热通道分区的气流组织方式，冷热通道的分区使得冷、热气流得以分隔，能有效组织空气流动，防止冷热短路和局部热点出现。但由于通信专业和空调专业的管线均由架空地板通过，加之数据中心机房负荷密度大，管线繁杂，将会占用送风通道的很大一部分体积，从而无法保证冷风通道足够的送风空间，将影响空调的送风效果。虽然机房的密封性能较好，但受室外环境的影响，还是会有灰尘进入机房，日积月累，将会造成架空地板下方灰尘堆积且由于结构原因很难清洗。同时凝结水排水管等也布置在架空地板内，一旦出现问题很难察觉，如果管理不善，将会拥堵通道或损坏通信设备，极易造成安全隐患。采用下送上回、冷热通道分区的气流组织方式的数据中心机房，合理布置冷热通道，能实现在一定范围内的节能效果，但由于制冷系统能耗的高能耗运行，整个数据中心能耗仍然过高。如图1-10所示。

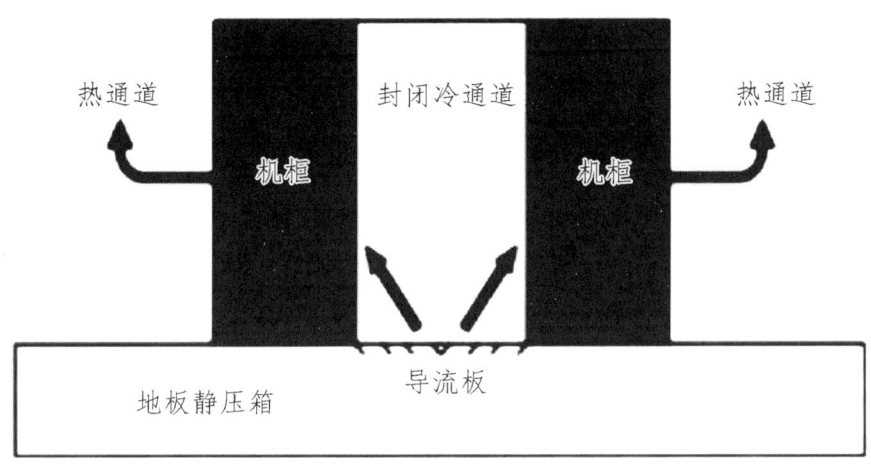

图1-10 下送风

3. 侧间送风

精密空调与机柜处在同一个机房之中,机柜和机柜面对面排列,背面朝向背面,热通道关闭,精密空调出风口的冷气流对机房全局进行降温,低温气流从服务器入口进入,带走发热单元产生的热量,低温空气变为高温空气从背面出来,热气流在热通道内由于密度变小会向上流动,同时热通道上面设置回风口将高温气流带走送回到精密空调中去降温,进行下一次循环。其中最常见的侧送侧回是冷气通过机房的侧墙上横向送入,气流吹对面墙上转折下落到机柜区以较低速度流过机柜,再由布置在同侧的回风口送出。如图1-11所示。

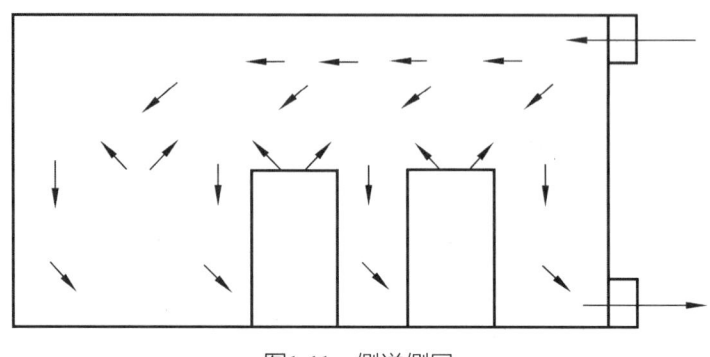

图1-11　侧送侧回

4. 列间送风

列间送风作为一种新兴的制冷方式，其形式主要将制冷末端迁移至服务器机柜附近，形成贴近服务器就近制冷，提高效率的目的。将列间空调与机柜并排放在一起，空调使用和侧间送风同种方式排列，将对列的排机柜中穿插若干个精密空调，可以采用斜对排布，也可以采用正对排布，低温气流流出后以最短的距离对服务器发热单元进行降温，降低了气流在传递的过程中热量变化程度，高温气流从服务器背部出来通过列间空调上面的回风管道再次回到精密空调中降温，进行下一次循环。如图1-12所示。

列间空调直接放置在机架之间，可解决冷热气流短路的问题，缩短了空调的送风距离，冷量利用较为充分。但是列间空调投资巨大，对空调机组的冷凝水位置要求较高。因此，目前将其应用在数据中心的较少。几种送风方式的对比见表1-2。

第1章 绪论

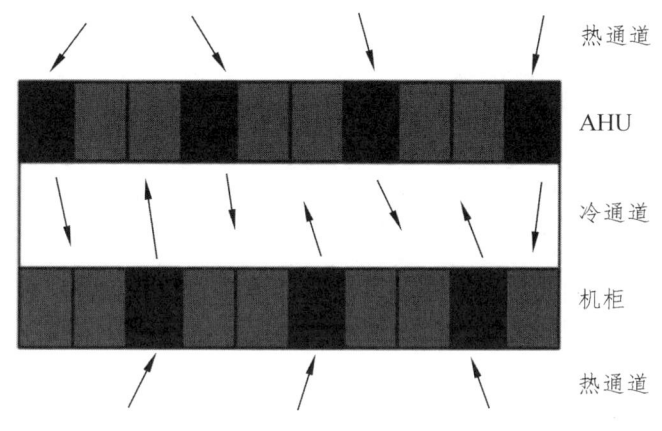

图1-12 列间送风

表1-2 送风方式对比表

送风方式	优点	缺点
上送风（风帽型）	1．安装简单，机房无需架高地板，无需天花吊顶，无需现场制作风管等。 2．初投资较低，无需其他地板或风管的投资。 3．气流组织简单，无需专业人员设计	1．送风距离有限。类似家用柜式空调，出风风速较高，而随距离衰减较快，因此机房远端的服务器得到的风量和冷量有限。 2．噪声较高。空调出风口风速较高，直接吹入机房，噪声较大，损害机房工作人员的身心健康。 3．由于是点式送风，因此机房温度不够均匀。 4．由于送风量有限，风速在中部较高，而边缘区域紊流较多，因此不易解决高热密度问题。 5．机房空调占地面积较大，且需要考虑送风及回风的方向和服务器机柜冷热通道布置的合理性

续表

送风方式	优点	缺点
上送风（风管型）	1．通过合理地设计静压箱和风管，送风距离可以达到很远。 2．送、回风风管可以跨越房间，从而将空调和IT设备分离，提高安全性，尤其是在某些跨越防火分区的地方，具有可安装防火阀等安全隔离措施的可能。 3．通过在静压箱中增加消音箱、合理设计风管风速，可以有效降低机房噪声，还可以安装消音箱，将噪声进一步降低。在某些有噪声要求的实验室，风管送风是主流的静音送风方式。 4．可以通过风管管径调节，提高某些出风口的风量，从而解决局部中高密度的发热问题	1．静压箱体积较大，往往需要达到2 m以上的高度，对于机房层高要求较高。 2．风管、静压箱位置固定，机房无法再进行搬迁或增加设计以外的机柜，也无法提高功率密度。 3．静压箱和风管设计要求较为专业，无法进行简单安装，如果风管尺寸设计不合理，反而对气流组织系统会造成很大的问题。 4．静压箱和风管的制作、安装都很依赖于现场工艺，质量很难控制，且房间存在横梁、立柱等，对风管的安装也存在一定的阻碍，增加其安装难度。 5．空调出风阻力较大，因此风机需要增加机外余压，增加能耗，不利于节能

续表

送风方式	优点	缺点
下送风	1．精密空调风气流方向与空气特性相同，容易得到更好的制冷效果。 2．底部送风空气均匀，机柜服务器面积的温差较小。 3．所需进口气流压力较低，空调和进气噪声较小。 4．空调设备的管道隐藏在活动地板上，使机房内部整洁，比上送风成本更低	1．随着项目的不断扩展，越来越多的地下设备管道无法提供足够的空调管路空间，从而影响空调的效果。 2．空气下送风空调的效果受活性地板的质量、施工和维护管理的影响。 3．容易把污垢隐藏在高架地板下，很难清洗，容易给设备带来安全隐患。 4．需要由专业人员设计地板高度和风量、冷量关系，如果随意配置可能会引起送风失衡，从而导致局部热点问题
侧间送风	1．便于安装，可操作空间大。 2．成本低，所需数量少。 3．便于更换和维修	1．送风距离大，远离空调的服务器可能得不到很好的散热效果。 2．噪声大

续表

送风方式	优点	缺点
列间送风	1．摆脱了长距离送风射流损失的问题，将气流局部化、短距离化，由此可有效减少由于立柱、机柜发热量不同、服务器吸风量不同带来的气流紊流和扰流问题。 2．无需架高地板，可节省机房装修成本，水管等可安装在服务器机柜底部的底座空间内，形成隐蔽工程，提升美观度。 3．就近服务器出风口，因此回风温度较高，空调效率较高。 4．列间空调可结合封闭通道形成冷池效应，实现备用制冷效果。当全部空调因故障或断电停机之后，冷池中存在的冷空气可对服务器持续进行一段时间的冷却，延长服务器温升和宕机时间。 5．空调占用面积比传统方案小，无需空调机组占用的狭长靠墙区域和特别的空调维护空间	1．由于处于服务器机柜中间，因此冷凝水、冷冻水距离服务器较近，漏水隐患较大。当空调出风量较大而出风温度较低，在夏季湿度较高，新风量较大的时候，可能会导致出风带雾滴，从而造成漏水隐患。 2．列间空调依然占用了较多的机柜位置，从而减小了机房的IT可用空间，而机房一般纵向空间较高，利用度不够充分。 3．列间空调噪声较高。由于风机直接裸露在地板上方，没有经过地板静压箱隔音降噪，噪声离人员较近，同时风机直径小，转速高，造成数据中心噪声增大，往往会达到80 dB(A)以上，是几种方案中噪声最高的。 4．送风距离横向可能要跨越6~8个机柜，仍然可能较长，依然存在一定的气流紊流问题

5. 组合式送风

单一送风方式具有很多的优点，但在一些特殊场合仍存在着气流组织难以控制的弊端。随着对室内气流组织的深入研究，越来越多的研究者将组合式送风方式应用于不同的特殊场合。

组合式送风方式能对数据中心的气流组织、空气品质以及人体热舒适性起到了很好的改善效果。而目前逐渐兴建的数据中心的规模都比较庞大，几何空间结构也趋于个性化，整体结构不规则且复杂，此时采用单一送风方式也难以在机房内形成良好的气流组织。由于机柜级制冷方案冷量冗余布置困难、行级制冷方案列间空调机房空间占用率过高，因此采用机房级制冷方案将组合式送风应用于数据中心机房空调系统并探讨其可行性，以期改善机房空间的有效分区和机房气流组织的合理分布。如图1-13，为两种单一送风方式的组合，是"下送上回"与"侧送上回"的组合。

组合送风方式的优点是可以在机房各个机柜区域灵活送风，尤其是对于一些规模庞大、空间结构不规则的机房，单一送风方式由于气流流线单一，极有可能会导致机房局部过热/过冷，此时通过引入组合送风方式增加机房气流组织的均匀度，从而满足机房各区域的送风需要。除此之外，对于旧机房空调工程的改造，由于组合式送风安装施工简单快捷、可扩容性强且建设成本低，因此也能很好地应用于机房的改造工程。

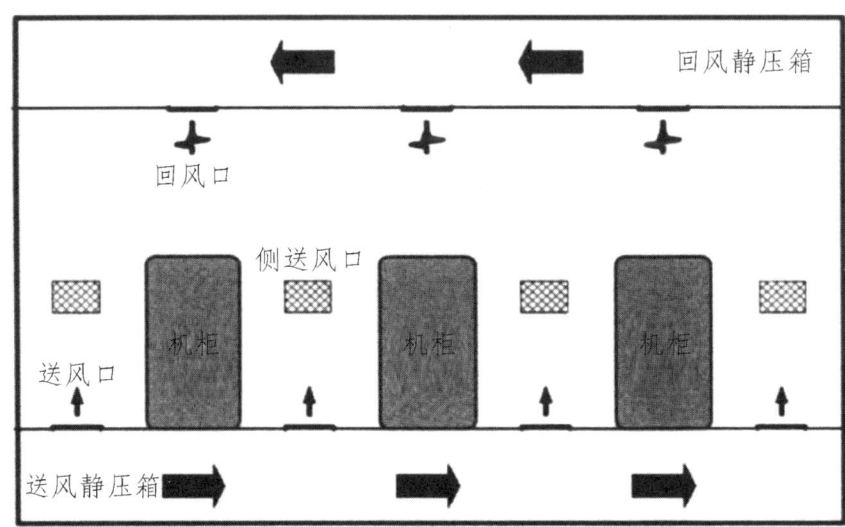

图1-13　"下送上回+侧送上回"的组合式送风示意图

1.3　洞库式数据中心发展现状

1.3.1　洞库式数据中心概念及特点

洞库式数据中心，是在山体内布设洞库，集中放置电子信息设备的一种新型数据中心。可以是一条洞库或数条洞库组成的洞库群，通常将主机房区、辅助区、支持区布置在洞库内，行政管理区布置在洞库外。

洞库式数据中心是贵州结合国家大数据战略布局和本省山地特色资源，创新性提出的一种高安全、高能效的新型数据中心（图1-14）。洞库式数据中心作为地下数据中心的一种重要组成，为国内数据中心的发展提拱了新模式。

图1-14 洞库式数据中心外观效果图

1. 高安全

洞库式数据中心将主机房区、辅助区、支持区布置在洞库内，利用山体进行保护，能有效避免或减轻各种自然灾害及战争破坏，可抵御核武器级别攻击，能实现高人防等级要求。同时洞库内自备应急能源供给系统，在紧急状态下可确保正常运营，实现数据中心运营期和战时的高安全要求，安全性是厂房式数据中心无可比拟的。在当前复杂严峻的国际形势下，洞库式数据中心能更好地提升我国数字化与信息化战略的可靠性与安全性。

2. 高能效

洞库式数据中心与传统厂房式数据中心在结构、运营环境上存在一定的差异。相比厂房式数据中心，洞库式数据中心可以充分利用自然条件、竖井"烟囱效应"等特色优势，使数据中心能耗显著降低，服务我国"碳达峰、碳中和"的绿色低碳社会发展目标。

2021年全国数据中心PUE（数据中心总能耗/IT设备能耗）平均值为1.49。经工信部实测，贵安新区腾讯七星数据中心极限PUE值为1.1左右，远低于全国PUE平均值。洞库式数据中心充分利用山体温湿度稳定优势，优化洞内气流模式，可以实现PUE国际领先水平。

1.3.2 国内洞库式数据中心发展现状

我国在洞库式数据中心方面的建设研究较为缺乏，处于起步阶段，但发展势头较好，建设标准较高，具有较强后发优势。根据公开资料不完全统计，贵州有地下数据中心有3处，均为新建工程（表1-3）。

表1-3 国内典型洞库式数据中心概况

序号	名称	位置	建设形式	建设规模	建成时间
1	富士康绿色隧道数据中心	贵州省贵安新区	新建掩土建筑	0.20万平方米	2015年
2	腾讯贵安七星数据中心	贵州省贵安新区	在山体内暗挖洞库群	3万平方米	2018年
3	某金融数据中心	贵州省贵安新区	在山体内暗挖洞库群	----	在建

1. 腾讯贵安七星数据中心

腾讯贵安七星数据中心是我国首座真正意义上的洞库式数据中心，采用新建暗挖地下洞库的方式建造，沿山体布置多座洞库群，洞库使用面积超过3万平方米，容纳5万台服务器（图1-15）。

运营时洞外的冷空气从主洞口进入，经过T-block制冷模块与IT设备热回风进行间接换热后，从竖井排出，既可以充分利用外部自然冷源，又避免了外界空气对设备的影响。根据腾讯公布的数据显示，T-block技术比腾讯第一代数据中心的建设成本下降了40%，交付周期下降了83%，运营效率提高了100%，而PUE值也下降了27%，总体可用性也达到了99.995%。

图1-15 腾讯贵安七星数据中心

第1章 绪论

2. 富士康绿色隧道数据中心

富士康绿色隧道数据中心采用掩土建筑形式，有效运用喀斯特地形，在两山垭口处，以简易的方式修筑明挖隧道，然后回填掩埋并进行绿化，减少外界温度变化对数据中心内部的影响（图1-16）。建筑设计分3个通道，两旁是冷气通道，利用天然风散热，中心是热气通道，通道上留有天窗，利用烟囱效应将热排出。

该数据中心获得美国绿色数据中心建筑LEED最高等级白金级认证，尤其在节能与节水部分获得满分，也是目前国内少有的获得这项认证的数据中心。

本项目在设计前，经过模型计算，隧道内部四季常年保持2～3 m/s的风速，可以达到自然冷却而不需要任何额外的降温措施，因而被称为绿色隧道数据中心。同时隧道洞口位置的选取充分考虑了当地季风风向等因素，不但加强了自然风力，且有效运用季风及烟囱效应排放热气，从而形成动态自然冷却技术为数据中心制冷。其能耗指标在全国范围乃至世界范围均属前列。

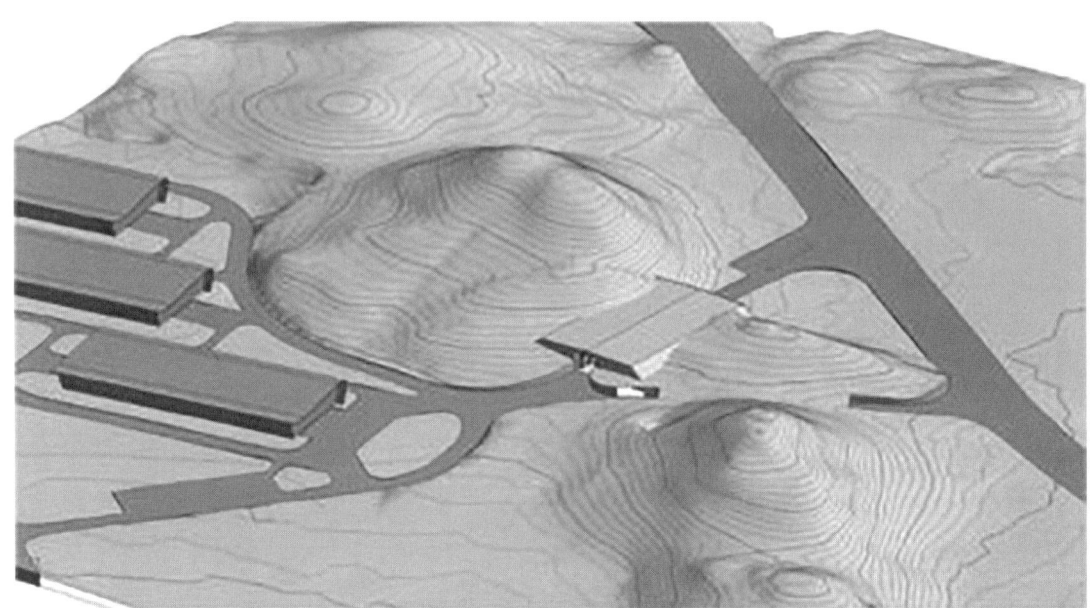

图1-16 富士康绿色隧道数据中心

1.3.3 国外洞库式数据中心发展现状

国外信息产业起步较早，尤其是美国数据中心的建设规模与水平明显领先于各国。据Synergy Research研究统计，截至2018年，全球超大规模数据中心共计430个，其中美国拥有约170个，呈现出"一超多强"的态势。在洞库式数据中心建设与研究领域美国同样拥有一定的领先优势，国外著名的洞库式数据中心有15个，主要分布在美国、英国、挪威、瑞士、瑞典、日本等国家（图1-17）。

国外洞库式数据中心主要有两种类型，一种是利用废弃的矿井改造而成，另一种是利用退役的军用设施改造而成。国外许多洞库式数据中心洞室主体是位于石灰岩体中，一方面是由于石灰岩矿洞开采后洞室较完整，且洞室尺寸大小也能适合地下数据中心设备的布设，另外一方面，石灰岩地区地下水较其他岩体较发育，矿洞开采完毕后在地下水的影响下，矿洞内的温度较低。

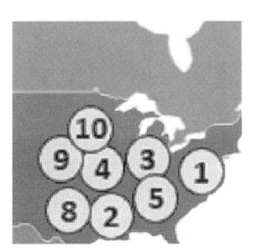
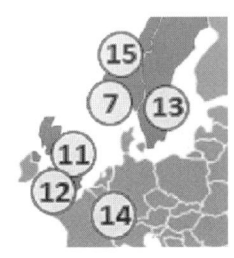

图1-17　国外著名的地下数据中心分布示意图

1.3.3.1 改造矿洞数据中心

1. Iron Mountain数据中心

Iron Mountain数据中心是知名度最高的地下数据中心之一，位于美国宾夕法尼亚州西部一处地下220 ft（1 ft=0.304 8 m）处的石灰岩洞穴中，具有约58万平方米的地下空间，能提供高达10 MW的临界功率（图1-18）。该数据中心原本是一个矿山，被石灰岩所包围，几乎无限的地板承重能力使得其十分安全。其中第48号矿洞利用地下低温岩体和地下水为数据中心设备进行散热，效果远远好于同等类型的常规数据中心。该数据中心的自然能源效率有助于降低PUE，全年环境温度保持在11 ℃，可以有效保证基础设施的正常运行。其将系统散热用通风管连接在数据中心内的石灰岩壁上，利用地底石灰岩的低温来为服

图1-18 Iron Mountain数据中心照片

务器散热,据称其散热的效率可达每平方英寸1.5个英制热量单位。而数据中心的空调通风系统也充分利用了洞窟当地的古自然环境,采用地下水对数据中心进行冷却,数据中心的功率密度由125 W/ft^{2}提高至150 W/ft^2。

2. Cavern Technologies数据中心

Cavern Technologies数据中心位于美国堪萨斯州列涅萨下方125 ft处的石灰岩洞穴,该设施拥有超过300 000 ft^{2}的运营空间,并为医疗机构、保险公司等处理数据(图1-19)。该数据中心采用风冷式,地下设有集中式气候控制装置,具有用于冷却的定制HVAC,且由于致密的石灰石而保持了约20 ℃的环境温度,将冷却成本降低了20%~30%。

图1-19 Cavern Technologies数据中心照片

3. The Bluebird数据中心

The Bluebird数据中心位于美国密苏里州斯普林菲尔德,建在地表以下85 ft处的石灰石矿中。地下温度可保持在15.6~17.8 ℃,设施提供

N+1冷却系统,每年可节省超过1.5亿加仑(1美制加仑=0.003 79 m³)的水。冗余的利伯特三管冷冻水冷却装置有效地控制了设施中的冷却和湿度水平。

4. The Lefdal Mine数据中心

The Lefdal Mine数据中心位于挪威西海岸,是利用废弃的地下橄榄石矿洞建成的,矿洞面积约40万平方米,位于地下160 m处(图1-20)。该数据中心所在矿洞共分为5层,1层放置网络、风机和水泵等基础设备,2~5层为主机房,数据终端采用集装箱模块化布设。该数据中心所处矿洞位于海平面以下,设计者利用虹吸效应将海水引入,通过板换技术降低洞内冷冻水的温度。

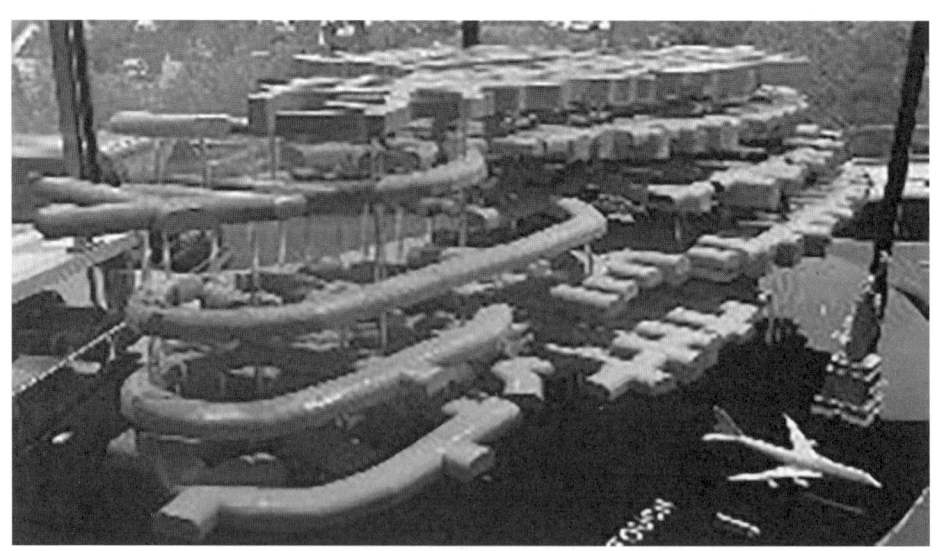

(a)

(b)

图1-20 The Lefdal Mine数据中心模型与照片

5. Sun Microsystems数据中心

Sun Microsystems数据中心为日本中部的一座煤矿改造而成,位于地表以下100 m处,是日本第一座地下数据中心,全部建成后可同时容纳40 000台服务器。

1.3.3.2 改造军事掩体数据中心

1. Fort Knox数据中心

Fort Knox数据中心位于瑞士阿尔卑斯山的中心地带,其所处的山洞是在冷战时期瑞士军队建造的,主要用于防止核弹攻击,山洞内有很多掩体，故能够对数据起到很好的保护作用，被誉为欧洲最安全的数据中心。该数据中心利用所处山体冰川水和自然冷空气冷却服务器，且来自地下湖的水使中心的冷却系统保持在8 ℃，从而降低制冷成本，更加绿色环保，最大程度地降低了能耗（图1-21、图1-22）。

图1-21　Fort Knox数据中心结构

第1章 绪论

图1-22 Fort Knox数据中心照片

2. Green Mountain数据中心

Green Mountain数据中心位于挪威伦尼索伊岛的海湾中，原为北约地下弹药库，数据中心位于地下约100 m，拥有约11 000 m²的地下空间。该数据中心利用抽取海湾内的水来冷却服务器，由100%可再生水电供电，是世界上最具可持续性的数据中心之一，这是数据中心冷却系统的最佳选择。其利用潮湿和寒冷气候的自然条件来冷却数据中心，数据中心的冷却源可从相邻的深水峡湾中获得，其冷却原理是水从100 m深的管道仅通过重力进入冷水盆。这种冷却的8 ℃水通过钛热交换器循环，然后排放回峡湾。在这个闭环系统中，冷冻的淡水通过冗余/分隔路径在设施周围循环（图1-23）。这意味着没有额外的用水量。此外，回峡湾的加热海水也不会对环境产生负面影响。

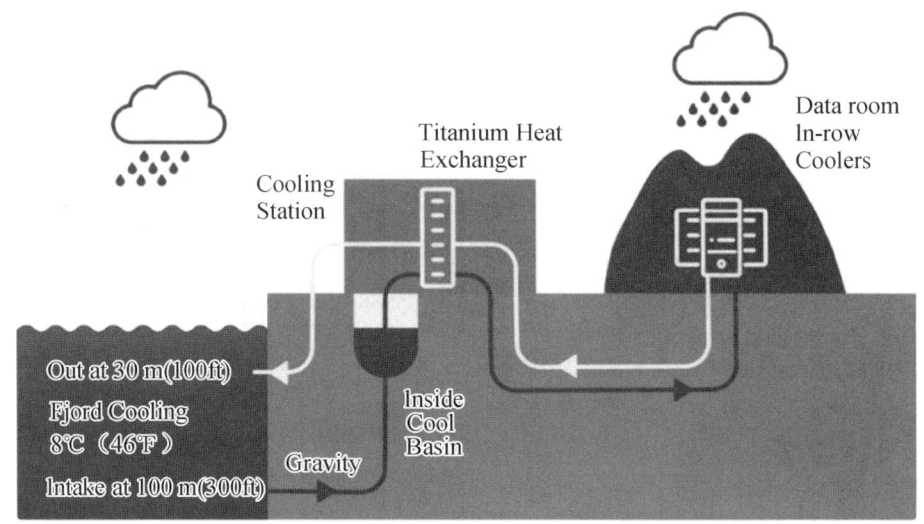

图1-23 峡湾冷却原理示意图

3. Bahnhof Pionen数据中心

Bahnhof Pionen数据中心位于瑞典斯德哥尔摩，是一个前冷战时期的掩体，位于坚固的基岩下30 m处。为提高地下数据中心工作环境的舒适性，该数据中心内部设置了日光、温室、瀑布、绿植等模拟地上自然环境，并且它还能够承受氢弹的攻击（图1-24）。冷却系统的主要设备是Baltimore Aircoil风扇系统，该系统能提供150万瓦的制冷效果，足以冷却数百个服务器机架。

(a)

(b)

洞库式数据中心高效通风设计关键技术

（c）

（d）

图1-24　Bahnhof Pionen数据中心照片和示意

第 2 章

洞库式数据中心通风设计基础

第2章　洞库式数据中心通风设计基础

2.1 公路隧道通风理论与设计方式

2.1.1 公路隧道通风基础理论

隧道通风系统是一个具有三维流动效应，较复杂的科学问题，对于目前普遍采用的纵向通风系统而言，通风系统的设计和研究都是基于一个一维流动理论基础上处理的。对于采用一维流动理论设计必须满足以下几个基本条件：（1）隧道长度远大于隧道断面尺寸，即L>>D；（2）沿隧道纵向各研究对象的变化远远大于断面横向的变化，即 $\frac{\partial \phi}{\partial x} >> \frac{\partial \phi}{\partial y}$ 和 $\frac{\partial \phi}{\partial x} >> \frac{\partial \phi}{\partial z}$，其中 ϕ 表示速度U、污染物浓度C、温度T等等。

根据隧道空气动力学理论，隧道通风一维模型须满足牛顿第二定律，因此，隧道内空气流动运动方程可表达为：

$$\rho L \frac{\mathrm{d}v_t}{\mathrm{d}t} = \Delta p_v + \Delta p_j + \Delta p_d - \Delta p_f - \Delta p_i \quad (2\text{-}1)$$

式（2-1）左边第一项的意思是隧道内空气在各项合力的作用下产生了非稳态的流动；右边第一项表示隧道内行驶的汽车产生的交通风力，第二项表示射流风机的推力，第三项表示由于隧道洞口压力差形成的压力，第四项表示隧道内空气流动的沿程阻力，第五项表示在隧道入口或局部边界变化剧烈区域空气流动的局部阻力。

各项力的大小可通过下式计算得到：

$$\Delta p_v = \sum_{j=1}^{J} \frac{\rho}{2} c_{dj} (v_c - v_t) |(v_c - v_t)| \frac{A_c}{A_t} N_j \qquad (2\text{-}2)$$

$$\Delta p_j = N \cdot \eta \cdot \rho \cdot v_j^2 \cdot \frac{A_j}{A_t} \cdot (1 - \frac{v_t}{v_j}) \qquad (2\text{-}3)$$

$$\Delta p_d = P_{\text{in}} - P_{\text{out}} \qquad (2\text{-}4)$$

$$\Delta p_f = f \frac{\rho}{2} \frac{L}{D} v_t |v_t| \qquad (2\text{-}5)$$

$$\Delta p_i = k \frac{\rho}{2} v_t |v_t| \qquad (2\text{-}6)$$

式中，N_j表示不同类型车的数量，c_{dj}和A_c表示相应汽车有效阻力系数和迎风面积，v_c表示车速，N是射流风机的数量，v_j和v_t是射流风机的出口风速和隧道内的风速，A_j和A_t是射流风机出口面积和隧道断面积，ρ是空气的密度，η是射流风机的升压折减系数，f和k分别表示隧道沿程阻力系数和局部阻力系数。

从式（2-1）可以看出，隧道内空气流动实质是一个动态的变化过程，隧道内空气流动速度随着各个因素的变化而变化，例如隧道内汽车行驶速度的大小及数量、隧道内空气流动速度同时影响隧道沿程阻力和局部阻力的大小等等。

以上是传统意义上对影响隧道通风各因素的分析，但随着人类对一些基础性问题的不断研究，发现这些影响因素本身存在非常复杂的变化过程。

以隧道沿程阻力为例进行说明，隧道通风中沿程阻力的计算方法源自人类19世纪末20世纪初对稳态管道湍流流动下壁面摩擦阻力的研究结果，例如著名的尼古拉兹实验、柯列勃洛克公式、莫迪图等等。在隧道或管道壁面粗糙度一定的前提下，沿程阻力的大小本文中也叫壁面摩擦阻力的大小仅与流速有关，一般随着流速的变化成二次方的变化关系，这种变化关系也被称为稳态模型。随着科技的进步，人们开始发现在一些非稳态管道或隧道流动中，这种稳态的壁面摩擦阻力的计算方法已无法满足人类对实际应用中的需要，甚至在一些工程应用中由于稳态管道壁面摩擦阻力模型的应用使最终的预测结果明显偏离了实际情况。因此，吸引了各国科学家对瞬态管道流动条件下壁面摩擦阻力的变化进行深入的研究。

2.1.2 公路隧道通风方式

公路隧道的通风方式按照送风形态、空气流动状态、送风原理等可分为自然通风和机械通风两种方式，机械通风又可以分为纵向式通风、横向式通风、半横向式通风以及混合式通风。

2.1.2.1 自然通风

自然通风方式不设置通风设备，是利用洞口间的自然风压或汽车行驶的活塞作用产生的交通通风力来实现隧道的通风换气。一般较短的隧道有可能采用自然通风方式。对于公路隧道，用下列经验公式作为区分自然通风与机械通风的界限：

$$LN \geqslant 6 \times 10^5 （双向通车） \qquad (2\text{-}7)$$

或

$$LN \geqslant 6 \times 10^5 （单向通车） \qquad (2\text{-}8)$$

式中 L——隧道长度（m）；

N——车流量（辆/日）。

2.1.2.2 纵向式通风

1. 全射流纵向式通风

全射流纵向式通风是利用射流风机产生高速气流,推动前方空气在隧道内形成纵向流动,使新鲜空气从一侧洞口流入,污染空气从另一侧洞口流出的一种通风方式。

1）隧道内的压力平衡

全射流纵向式通风模式图如图2-1所示。

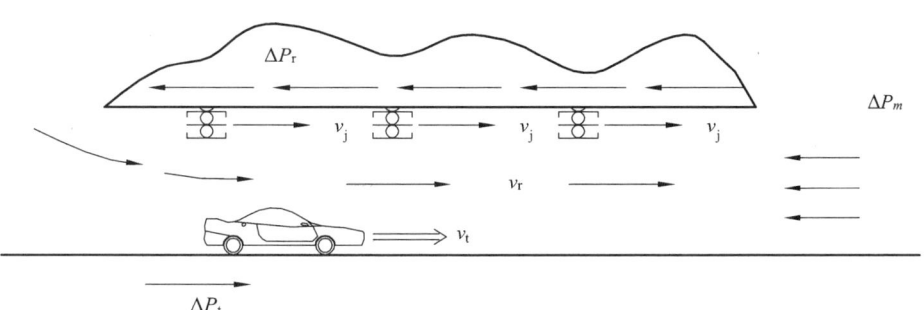

图2-1 全射流纵向式通风模式图

当隧道内风流稳定后,根据伯努利方程可得:

$$\Delta P = \Delta P_r + \Delta P_m - \Delta P_t \tag{2-9}$$

式中　ΔP——射流风机提供的通风压力（N/m²）；

ΔP_r——隧道摩阻力和出入口局部阻力损失（N/m²）；

ΔP_m——自然风产生的风压（N/m²）；

ΔP_t——交通风产生的风压（N/m²）。

ΔP_r是气流出入隧道洞口产生的局部阻力损失与气流在隧道内流动产生的沿程阻力损失之和，其值可按式（2-10）计算：

$$\Delta P_\mathrm{r}=\left(\zeta_\mathrm{e}+\zeta_0+\lambda\frac{L}{D_\mathrm{r}}\right)\frac{\rho}{2}v_\mathrm{r}^2 \qquad (2\text{-}10)$$

式中　　ζ_e——隧道入口局部阻力系数，一般取0.6；

ζ_0——隧道出口局部阻力系数，一般取1；

λ——与隧道衬砌表面相对糙度有关的摩擦阻力系数；

L——隧道长度（m）；

D_r——隧道净空断面当量直径（m），$D_\mathrm{r}=\dfrac{4A_\mathrm{r}}{C_\mathrm{r}}$；

A_r——隧道净空断面面积（m²）；

C_r——隧道断面周长（m）；

v_r——隧道内设计风速（m/s），$v_\mathrm{r}=Q_\mathrm{req}/A_\mathrm{r}$。

ΔP_m是自然风产生的风压，其与交通风方向一致时产生推力，相反时产生阻力，其值可按式（2-11）计算：

$$\Delta P_\mathrm{m}=\left(\zeta_\mathrm{e}+\zeta_0+\lambda\frac{L}{D_\mathrm{r}}\right)\frac{\rho}{2}v_\mathrm{n}^2 \qquad (2\text{-}11)$$

式中　　v_n——自然风作用引起的洞内风速（m/s）。

单洞双向交通隧道交通风产生的风压ΔP_t可按式（2-12）计算：

$$\Delta P_t = \frac{A_m}{A_r}\frac{\rho}{2}n_+(v_{t(+)} - v_r)^2 - \frac{A_m}{A_r}\frac{\rho}{2}n_-(v_{t(-)} - v_r)^2 \qquad (2\text{-}12)$$

式中 A_m——汽车等效阻抗面积（m²）；

n_+——隧道内与v_r同向的车辆数（辆），$n_+ = \dfrac{N_+ L}{3\,600 v_{t(+)}}$；

n_-——隧道内与v_r反向的车辆数（辆），$n_- = \dfrac{N_- L}{3\,600 v_{t(-)}}$；

N_+——隧道内与v_r同向的设计高峰小时交通量（veh/h）；

N_-——隧道内与v_r反向的设计高峰小时交通量（veh/h）；

v_r——隧道设计风速（m/s），$v_r = \dfrac{Q_r}{A}$；

Q_r——隧道设计风量（m³/s）；

$v_{t(+)}$——与v_r同向的各工况车速（m/s）；

$v_{t(-)}$——与v_r反向的各工况车速（m/s）。

单向交通隧道交通风产生的风压ΔP_t可按式（2-13）计算：

$$\Delta P_t = \frac{A_m}{A_r}\frac{\rho}{2}n_C(v_t - v_r)^2 \qquad (2\text{-}13)$$

式中 n_C——隧道内车辆数（量），$n_C = \dfrac{NL}{3\,600 v_t}$；

v_t——各工况车速（m/s）。

2）射流风机升压力与所需台数计算

每台射流风机升压力按式（2-14）计算：

$$\Delta P_{\mathrm{j}} = \rho v_{\mathrm{j}}^2 \frac{A_{\mathrm{j}}}{A_{\mathrm{r}}}(1-\frac{v_{\mathrm{r}}}{v_{\mathrm{j}}})\eta \qquad (2\text{-}14)$$

式中 ΔP_{j}——单台射流风机的升压力（N/m²）；

v_{j}——射流风机吹出风的风速（m/s）；

v_{r}——隧道内设计风速（m/s）；

A_{j}——射流风机风口面积（m²）；

A_{r}——隧道净空断面面积（m²）；

η——射流风机位置摩阻损失折减系数：当隧道同一断面布置1台射流风机时，可按表2-1取值；当隧道同一断面布置2台或2台以上射流风机时，取0.7。

表2-1 单台射流风机位置摩阻损失折减系数

$\frac{Z}{D_{\mathrm{j}}}$	1.5	1.0	0.7	图示
η	0.91	0.87	0.85	

射流风机台数按式（2-15）计算：

$$i = \frac{\Delta P_\tau + \Delta P_m - \Delta P_t}{\Delta P_j} \tag{2-15}$$

式中　　i——射流风机台数；

ΔP_j——单台射流风机的升压力（N/m²）；

ΔP_τ——隧道摩阻力和出入口局部阻力损失（N/m²）；

ΔP_m——自然风产生的风压（N/m²）；

ΔP_t——交通风产生的风压（N/m²）。

2. 通风井排出式纵向通风

通风井排出式纵向通风的通风设施由竖井、风道和风机组成。当隧道为单向交通隧道时，竖井宜设置在隧道出口侧位置。当隧道为双向交通隧道时，竖井宜设置在隧道纵向长度中部位置。风机的工作方式为排风式，新鲜空气经由两侧洞口进入隧道，污染空气经由竖井排出隧道。采用通风井排出的纵向式通风，隧道有害气体浓度最大的地方是竖井。在这里应该加强对有害气体的检测。通风井排出式可以变为通风井送入式，只要将风机的工作方式由排风式改变为送风式即可。

1）双向交通隧道通风井排出式纵向通风设计

双向交通隧道通风井排出式纵向通风方式的压力模式可见图2-2。

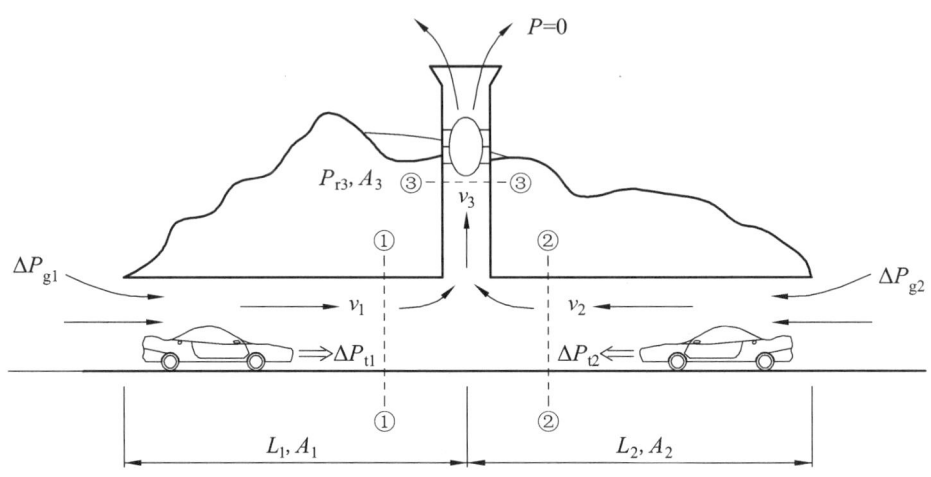

图2-2 双向交通隧道通风井排出式纵向通风方式的压力模式图

双向交通隧道集中排风的纵向式通风所需风压为：

$$\Delta P = \Delta P_0 + \Delta P_s \quad (2\text{-}16)$$

式中 ΔP_0——隧道洞口的空气与通风井底部隧道内空气的压力差（N/m²）；

ΔP_s——竖井的摩擦阻力及出入口损失（N/m²）。

ΔP_0 的值按式（2-17）计算：

$$\Delta P_0 = \Delta P_\tau \pm \Delta P_t \pm \Delta P_m \quad (2\text{-}17)$$

式中 ΔP_τ——隧道摩阻力及入口局部损失之和（N/m²），

$$\Delta P_\tau = \left(\zeta_e + \lambda \frac{L}{D_r}\right)\frac{\rho}{2}v_r^2;$$

ΔP_t——交通风产生的风压（N/m²），具体计算见式（2-12）、（2-13）；

ΔP_m——隧道洞口与压力基准点的等效压差，一般可取一端洞口为基准点，在无实测资料时可取10 Pa。

以上三部分根据其对通风是否有利从而取正值或者负值。

竖井左右两侧的隧道段分别计算ΔP_0，取二者的较大值作为设计值。

ΔP_s的值按式（2-18）计算：

$$\Delta P_s = \left(\zeta_s + \zeta_0 + \lambda_s \frac{L_s}{D_s}\right)\frac{\rho}{2}v_s^2 \qquad （2-18）$$

式中　ζ_s——汇流及弯曲损失系数；

　　　ζ_0——竖井出口局部阻力系数；

　　　λ_s——与竖井表面相对糙度有关的摩擦阻力系数；

　　　L_s——竖井高度（m）；

　　　D_s——竖井净空断面当量直径（m），$D_s = \frac{4A_s}{C_s}$；

　　　A_s——竖井净空断面面积（m²）；

　　　C_s——竖井断面周长（m）；

　　　v_s——竖井内设计风速（m/s）。

2）单向交通隧道分流型通风井排出式纵向通风设计

当单向交通、在出口附近有较严格的环境要求即不允许洞内污染风吹出（出口）洞外的情况时，宜采用通风井排出式纵向通风方式。

单向交通隧道分流型通风井排出式纵向通风方式的压力模式可见图2-3。

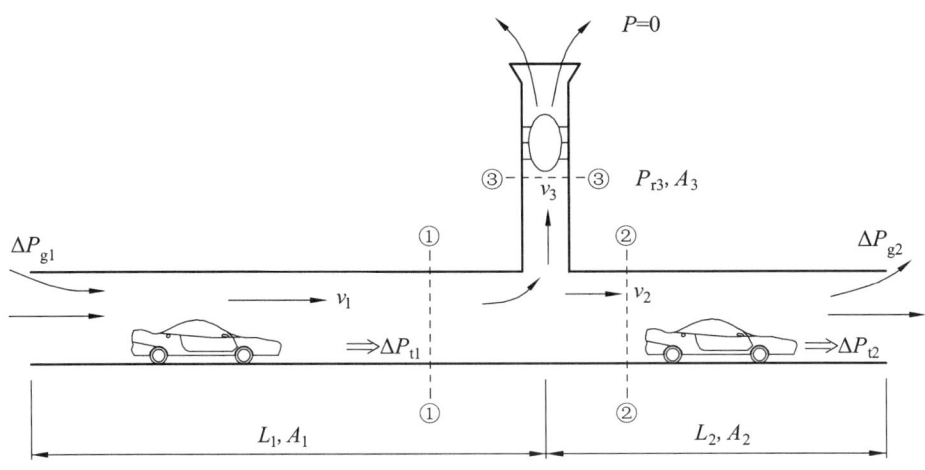

图2-3 单向交通隧道通风井排出式纵向通风方式的压力模式图

单向交通隧道集中排风的纵向式通风所需风压计算原理与双向交通隧道一致，在此不再赘述。

3. 通风井送排式纵向通风

通风井送排式纵向通风方式设置有送风井和排风井，隧道内的污染空气从排风井排出，新鲜空气从送风井进入隧道。此通风方式能有效利用交通通风压力,适用于单向交通的长大公路隧道。对于近期为双向交通、远期为单向交通的隧道,也可采用此通风方式。此通风方式的通风模式可见图2-4。

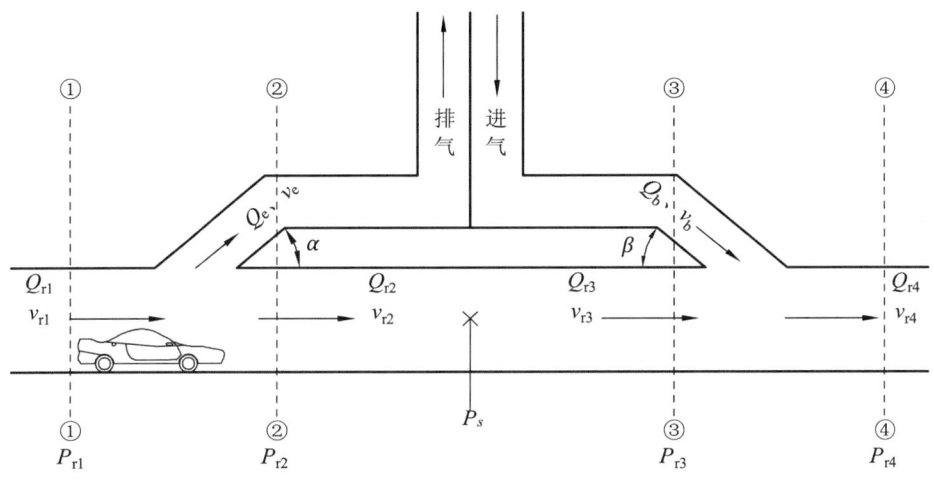

图2-4 通风井送排式纵向通风模式图

1)送排风口升压力计算

沿隧道纵轴线建立动量方程,则有:

$$A(P_{r1} - P_{r2}) = \rho Q_s v_{r2} + \rho Q_e v_{e2} \cos\alpha - \rho Q_{r1} v_{r2} \quad (2\text{-}19)$$

$$A(P_{r3} - P_{r4}) = \rho Q_{r4} v_{r4} + \rho Q_b v_b \cos\beta - \rho Q_s v_{r3} \quad (2\text{-}20)$$

式中　A——隧道断面面积（m^2）;

　　　P_{r1},P_{r2},P_{r3},P_{r4}——断面1、2、3、4的静压（N/m^2）;

　　　v_{r1},v_{r2},v_{r3},v_{r4}——断面1、2、3、4的风速（m/s）;

Q_{r1}，Q_{r4}，Q_s——断面1、4及短道内的风量（m³/s）；

v_e，Q_e——排风口的风速（m/s）与风量（m³/s）；

v_b，Q_b——送风口的风速（m/s）与风量（m³/s）；

α，β——排风道、送风道外段与隧道夹角（°）。

根据连续性方程得到$Q_s=Q_{r1}-Q_e$，因此$v_{r2}=Q_s/A=v_{r1}(1-Q_e/Q_{r1})$，代入式（2-19）可得：

$$P_{r1}-P_{r2}=2\frac{Q_e}{Q_{r1}}\left(\frac{Q_e}{Q_{r1}}-2+\frac{v_e}{v_{r1}}\cos\alpha\right)\frac{\rho v_{r1}^2}{2} \quad (2\text{-}21)$$

同理可得：

$$P_{r3}-P_{r4}=2\frac{Q_b}{Q_{r4}}\left(2-\frac{Q_b}{Q_{r4}}-\frac{v_b}{v_{r4}}\cos\beta\right)\frac{\rho v_{r4}^2}{2} \quad (2\text{-}22)$$

令$P_{r2}-P_{r2}=\Delta P_e$，$P_{r4}-P_{r3}=\Delta P_b$，分别称为排风口和送风口的升压力，分别代入式（2-21）、式（2-22）得：

$$\Delta P_e=2\frac{Q_e}{Q_{r1}}\left(2-\frac{v_e}{v_{r1}}\cos\alpha-\frac{Q_e}{Q_{r1}}\right)\frac{\rho v_{r1}^2}{2} \quad (2\text{-}23)$$

$$\Delta P_b=2\frac{Q_b}{Q_{r4}}\left(\frac{Q_b}{Q_{r4}}+\frac{v_b}{v_{r4}}\cos\beta-2\right)\frac{\rho v_{r4}^2}{2} \quad (2\text{-}24)$$

2）送、排风机设计风压

送风机、排风机的设计风压可按式（2-25）、式（2-26）计算：

第2章 洞库式数据中心通风设计基础

$$\Delta P_{\text{totb}} = 1.1\left(\frac{\rho}{2}v_{\text{b}}^2 + \Delta P_{\text{sb}} + \Delta P_{\text{b}}\right) \tag{2-25}$$

$$\Delta P_{\text{tote}} = 1.1\left(\frac{\rho}{2}v_{\text{e}}^2 + \Delta P_{\text{se}} + \Delta P_{\text{e}}\right) \tag{2-26}$$

式中 ΔP_{totb}——送风机的设计风压（N/m²）；

ΔP_{tote}——排风机的设计风压（N/m²）；

ΔP_{sb}——由通风井送风口到隧道内送风口的沿程阻力和局部阻力总和；

ΔP_{se}——由隧道内排风口到通风井排风口的沿程阻力和局部阻力总和。

2.1.2.3 横向式通风

横向式通风方式是在隧道内设置送入新鲜空气的送风道和排出污染空气的排风道，隧道内只有横方向的风流动，基本不产生纵向流动的风，如图2-5所示。在双向交通时，车道的纵向风速大致为零，污染物浓度的分布沿隧道全长大体上均匀。然而在单向交通时，因为车辆行驶产生交通风的影响，在纵向能产生一定风速，污染物浓度由入口至出口有逐渐增加的趋势，但大部分的污染空气仍是由排风道排出。横向式通风方式的气流是在隧道横断面上产生循环，进行换风，其车道内风速较低,排烟效果良好,特别适用于双向交通特长隧道。

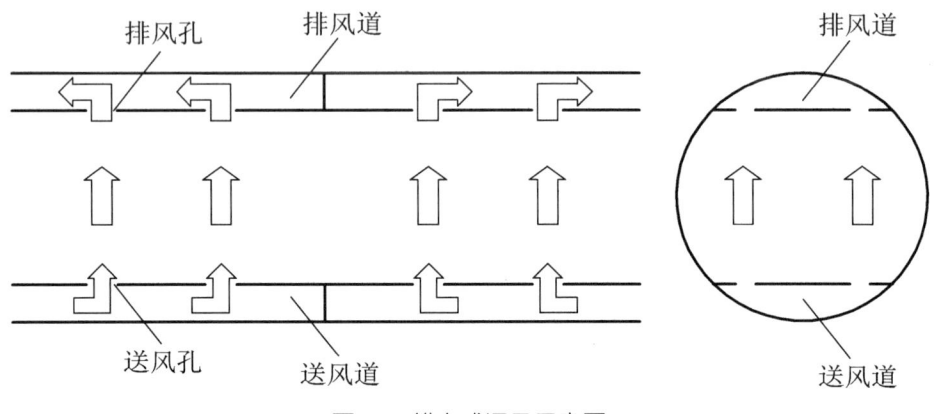

图2-5 横向式通风示意图

全横向式通风和送风式半横向通风的送风系统一般由送风塔吸入新鲜空气,经过压入式通风机升压,然后通过连接风道将空气送入隧道的送风道,再经过送风口将空气送入车道空间。送风机的设计全压 ΔP_{totb} 可按式(2-27)计算:

$$\Delta P_{totb} = 1.1 \times (隧道风压 + 送风道所需末端压力 + 送风道静压差 + 送风道始端动压 + 连接风道压力损失) \quad (2\text{-}27)$$

全横向式通风和排风式半横向通风的排风系统是把车道空间的污染空气,经过排风口、排风道、连接风道,由抽出式通风机加负压经排风塔排出隧道。排风机的设计全压 ΔP_{tote} 可按式(2-28)计算:

$$\Delta P_{\text{totb}} = 1.1 \times (排风道所需始端压力 + 排风道静压差 -$$
$$排风道末端动压 + 连接风道压力损失) \qquad (2\text{-}28)$$

2.1.2.4 半横向式通风

半横向式通风方式是在隧道内设置送入新鲜空气的送风道，在行车道内与污染空气混合后沿隧道纵向流动至隧道两端洞口排出，如图2-6所示。此通风方式由横向均匀直接进风，对汽车排气直接稀释，对后续车有利；如果有行人，行人可直接吸到新鲜空气。半横向式通风是介于纵向和横向式通风之间的一种通风方式，其综合了纵向和横向式通风的优点和缺点。在一些长大隧道中，因采用横向式通风费用高，可考虑采用半横向式通风方式。

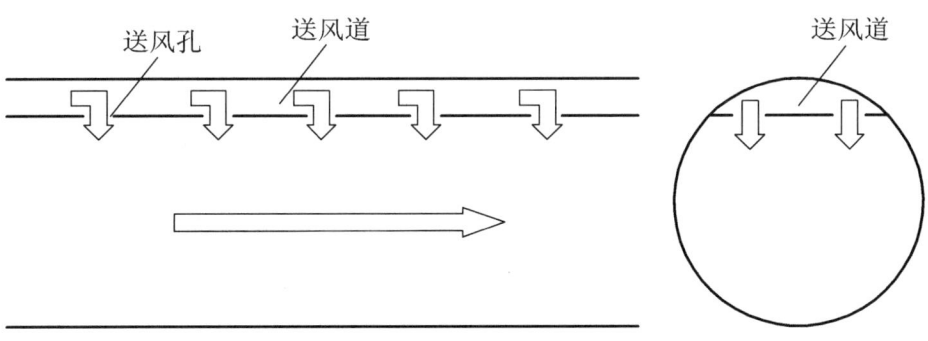

图2-6 半横向式通风示意图

2.1.3 通风方式的选择

影响通风方式选择的主要因素有：

（1）隧道长度。在交通量一定时，隧道越长，隧道内的废气积累越多，设计需风量也越大。同时，隧道越长，隧道发生事故及灾害造成的损失越大，对通风安全性和可靠性要求也越高。

（2）隧道交通条件。隧道交通条件指隧道为单向行车或双向行车及隧道交通量。单向行车隧道可以充分利用自然风及活塞风，适合采用纵向式或半横向式通风。交通量大的隧道有害气体浓度较大，适合采用横向通风或半横向通风。

（3）地质条件。若隧道所处位置地质条件较好，施工造价就较低，那么就可以选择造价较高的横向或半横向通风方式。反之，若隧道所处位置地质条件较差，施工造价就较高，那么横向或半横向通风方式的选择就会受影响。

（4）地形和气象条件。隧道所处位置的地形和气象条件影响着隧道自然风的流向和流量。当自然风流比较大，流向相对稳定时，对于较短隧道，可直接利用其通风。若自然风流变化较大，对纵向通风效果影响较大，则可选择横向或者半横向通风方式。

第2章 洞库式数据中心通风设计基础

表2-2和表2-3列出了各类通风方式的优缺点,可在通风方式选择中作为参考。

表2-2 各类通风方式的特点(双向交通隧道)

通风方式		纵向式			半横向式		横向式
	基本特征	通风风流沿隧道纵向流动			由隧道风道送风或排风,由洞口沿隧道纵向排风或抽风		分别设有送排风道,通风风流在隧道内做纵向流动
	代表形式	全射流式	洞口集中送入式	通风井排出式	送风半横向式	排风半横向式	
	形式特征	由射流风机群升压	由喷流送风升压	两端进风、中部排风	由送风道送风	由排风道排风	
一般特征	非火灾工况的适用长度	1 500~3 000 m	1 500 m左右	4 000 m左右	3 000 m左右	3 000 m左右	不受限制
	交通风利用	不好	不好	很好	较好	不好	不好
	噪声	较大	洞口噪声较大	噪声较小	噪声小	噪声小	噪声小
	火灾排烟	不便	较方便	较方便	方便	方便	效果好
	工程造价	低	一般	一般	较高	较高	高
	管理与维护	不便	方便	方便	一般	一般	一般
	分期实施	易	不易	不易	难	难	难
	技术难度	不难	一般	一般	稍难	稍难	难
	运营费	低	一般	一般	较高	较高	高
	洞口环保	不利	不利	有利	一般	有利	有利

在选择通风方式时，应该综合考虑隧道长度、平曲线半径、纵坡、海拔工程、交通条件、地质地形条件和气象条件等多种因素。合理的通风方式是安全可靠性高、建设安装方便、投资少、隧道内部环境良好、对灾害的适应能力强、营运维护方便的通风方式。但各通风方式都有优缺点，因此实际上的合理就是在保证安全可靠的前提下尽可能实现经济方便。

表2-3 各类通风方式的特点（单向交通隧道）

通风方式		纵向式				半横向式		横向式
基本特征		通风风流沿隧道纵向流动				由隧道风道送、排风，由洞口沿隧道纵向排、抽风		分别设送排风道，通风风流在隧道内做纵向流动
代表形式		全射流式	洞口集中送入式	通风井排出式	通风井送排式	送风半横向式	排风半横向式	
形式特征		由射流风机群升压	由喷流送风升压	两端进风、中部排风	由喷流送风升压	由送风道送风	由排风道排风	
一般特征	非火灾工况的适用长度	5 000 m 以内	3 000 m 左右	5 000 m 左右	不受限制	3 000~5 000 m	3 000 m 左右	不受限制
	交通风利用	很好	很好	部分好	很好	较好	不好	不好
	噪声	较大	洞口噪声较大	噪声较小	噪声较小	噪声小	噪声小	噪声小
	火灾排烟	不便	不便	较方便	较方便	方便	方便	效果好

续表

通风方式		纵向式			半横向式		横向式
一般特征	工程造价	低	一般	一般	一般	较高	较高	高
	管理与维护	不便	方便	方便	方便	一般	一般	一般
	分期实施	易	不宜	不易	不易	难	难	难
	技术难度	不难	一般	一般	稍难	稍难	稍难	难
	运营费	低	一般	一般	一般	较高	较高	高
	洞口环保	不利	不利	有利	一般	一般	有利	有利

2.2 洞库群通风设计理论

2.2.1 洞库群通风系统研究现状

目前对于大型复杂地下洞库群网络通风的研究主要集中在矿井及大型水电站地下厂房。水电站通风空调系统的研究主要集中在洞库热湿环境、高大厂房气流组织和自然通风等问题。

洞库内热环境是由外界气象条件、洞库内各种热源的发热状况以及建筑的环境控制系统运行状况决定的。对于热湿环境的研究主要

洞库式数据中心高效通风设计关键技术

集中在尽量利用水电站的天然冷源、使用一（二）次回风、分层空调和置换通风等节能措施上面。云南漫湾、陕西安康、福建水口等水电站利用拦河大坝内纵横交错的坝体廊道的温降效应获得很低的空气温度；四川映秀湾水电站利用无压尾水洞的大体积空间，用低温尾水对进入厂房的洞外新风进行热、湿交换，特别是在夏季尾水洞水温低于厂外空气露点温度，去湿效果非常明显；湖北丹江口水电站利用水库深层低温水对新风喷淋处理，获得良好的进风参数；四川二滩、云南盐水沟等水电站利用较长的进厂交通洞岩壁对新风进行降温去湿。

重庆彭水水电站将母线洞的进风与主厂房分开，主厂房大量利用一次回风，通风量与空调规模都大幅度减少。采用此方式的难度在于影响水工布置，而且挖回风道可能会危及厂房的支承，所以实际操作有一定难度。

湖北三峡、葛洲坝水电站采用了仅对水电站主厂房（发电机层）工作区进行空调，借助喷口双侧对送并配合底部门洞回风与顶部机械排风的分层空调技术。与全室性空调相比，夏季可节约冷量30%左右，因而节省初投资和运行能耗。

对于高大厂房气流组织的研究常采用基于相似理论的模型试验（model test）和计算流体力学数值模拟的方法进行。目前模型试验已被水电暖通空调设计者作为一种重要的手段或工具，用以检验气流组

第2章 洞库式数据中心通风设计基础

织或审核暖通空调设计等。国内先后进行了20余个电站的厂房模型模拟试验，型式有：冷态、热态、横向、纵向、端送、侧送、顶送、分层、多层和扇形等（表2-4）。

表2-4　我国部分大型地下厂房模型试验

序号	电站名称	建设地点	所在江河	试验内容	几何比例	年份
1	安砂	福建永安	九龙江	纵向高速射流、多层串联	1：15	1975
2	葛洲坝二江	湖北宜昌	长江	带空气幕和内部送风口周边送风口的分层空调、冷态	1：20	1977
3	白山	吉林桦甸	松花江	冷态、热态、整体	1：20	1977
4	龙羊峡	青海共和	黄河	端部送风、冷态	1：20	1981
5	大化	广西马山	红水河	扇形射流	1：15	1981
6	葛洲坝大江	湖北宜昌	长江	分层空调双侧对喷下部回风	1：5	1984
7	东风	贵州清镇	鸭池河	主厂房通风模型	1：15	1987
8	水口	福建闽清	闽江	主厂房气流组织模型	1：25	1989
9	二滩	四川盐边、米易	雅砻江	主厂房气流组织模型	1：20	1990
10	龙滩	广西天峨	红水河	主厂房气流组织模型	1：20	1991
11	十三陵蓄能	北京昌平	东沙河	多层串联式通风	1：18.3	1992

续表

序号	电站名称	建设地点	所在江河	试验内容	几何比例	年份
12	天荒坪蓄能	浙江安吉	大溪	顶部垂直送风，上回下排	1∶10	1992
13	洪家渡	贵州织金、黔西	六冲河	拱顶垂直送风、端部集中送风	1∶16	1993
14	李家峡	青海尖扎、化隆	黄河	双侧中送下排	1∶15	1994
15	小浪底	河南洛阳	黄河	厂房气流组织	1∶13	1994
16	大朝山	云南云县、景东	澜沧江	厂房通风模型		1997
17	三峡	湖北宜昌	长江	分层空调	1∶11	2001
18	小湾	云南凤庆、南润	澜沧江	全厂冷态、热态、全年自然通风	1∶20	2002
19	琅琊山	安徽滁州		厂房气流组织	1∶18	2003
20	龙滩	广西天峨	红水河	冷态、热态、全厂	1∶20	2004

由于计算机的大容量化和高速化以及计算流体力学的发展，利用数学物理模型进行预测成为了可能。该方法利用紊流模型$k-\varepsilon$型双方程模型和差分法进行三维紊流数值解析，对复杂大空间的气流分布可获得其压力分布和速度矢量分布；通过对室内空气和热流动的综合解析，还可以对大空间内的温度场进行数值模拟。国内相继有大朝山、小湾、龙滩等水电站进行了主厂房数值模拟。

模型试验是至今仍在较多应用的方法，它费时多，投资高，有时存在较大的困难，国外有学者认为模型实验仍应是研究气流的主要手段，但却认为缩小比例的试验会带来不符原型的可能。应尽量进行1∶1的模型试验，这正是难题所在。数值模拟，关键问题是数学模型的建立和边界条件的确定以及计算机容量的许可条件。对于几何形状简单和规整的流场空间，边界条件不太复杂的情况，解二维气流问题卓有成效。但也有相当多的流场结构的数学模型还不成功，或边界条件复杂，致使分析解与数值解析均难奏效。国内越来越多的人采用以上两种方法结合起来预测水电站厂房内的气流流动。

2.2.2　洞库群通风基础理论

由于复杂地下洞库通风系统拓扑结构的复杂性，采用人工手段来进行复杂通风网络解算相当困难，而且不能准确、快速地得到洞库关键位置的通风状态，将会给复杂地下洞库群通风安全管理带来很大的困难。复杂地下洞库群网络通风系统是由纵横交错的巷道构成的一个复杂系统，由于具有巷道数量众多、拓扑结构复杂等特点，复杂地下洞库群通风网络的解算工作成为一项非常复杂、计算量非常大的工作。因此必须采用图论的方法对通风系统进行抽象描述，将实际的网

洞库式数据中心高效通风设计关键技术

络通风系统抽象成一个由分支、节点、网络拓扑结构关系以及对应属性数据构成的通风网络模型,将计算机技术应用于洞库群通风网络分析是目前快速、准确地解决这一问题的唯一方法。

1845年,Atkinson在北英格兰采矿工程师学会上发表了1篇学术论文,奠定了一般流体网络分流理论的基础。1953年,Scott和Hinsley首先提出利用计算机来解算通风网络问题。随着计算机技术的不断进步,推动着通风网络解算的计算机方法不断发展。通风网络解算的实质是:在给定通风网络图、各分支风阻和分支通风动力的条件下求解各分支风量、各节点压强以及各分支的通风阻力。半个多世纪以来,各国学者在该领域进行了一系列创新性研究,使风网解算算法日趋成熟和完善,并逐步解决了通风网络风流按需分配的解算难题,目前已日趋成熟和完善。风流按需分配的解算结果为后续的风机优选、风网调节等通风网络优化调控工作提供了基础数据。目前通风网络解算方法已达几十种之多,但这些方法各有优缺点,在实际应用中应选择适当的算法。其中最常用的两种方法为回路风量法和节点风压法。

(1)回路风量法是目前应用最为广泛的一种风网解算算法,其优点是实现简单且运行速度快、收敛与否与风量初始值无关,其缺点是解算过程中需要寻找独立回路,通风系统中一旦出现单向回路,所有基于回路风压平衡概念的迭代算法都将失效,导致通风网络解算无法进行。因此,在出现单向回路的情况下,必须采用其他解算方法来进行解算。

(2)节点风压法的本质是以节点风压为未知数建立方程组进行求解,无需进行回路风压平衡计算,解算时直接计算出风网中每个节点的风压,从而省略了选择回路的步骤。因此其实现较回路风量法更简单,且有效地解决了由于出现单向回路而导致风网解算无法进行的问题,适用于任意复杂网络拓扑结构通风系统的网络解算问题;但该算法较回路风量法的缺点是:解算收敛与否取决于各节点风压初值是否合理,且收敛速度相对于回路风压法较慢。

2.2.2.1 通风网络中风流运动基本规律

无论采用哪种方法进行解算,其本质都是以网络风流流动三大基本定律为基本原理:风量平衡定律、回路风压平衡定律、通风阻力定律。

1. 风量平衡定律

对于通风网络中某一节点而言,按照连续性方程,流进节点的风量应等于流出该节点的风量,即:

$$\sum Q_i = 0 \quad (2-29)$$

式中 Q_i——流入或流出某节点或网孔的风量,流入取正值,流出取负值。

2. 风压平衡定律

风网中任一网孔的风压代数和(顺时针方向的风流的风压取正,逆时针方向取负值)应等于零。

(1)无压源网孔

所谓无压源网孔,是指网孔没有自然风压或风机或交通通风力的作用的回路,其风压平衡定律为:

$$\sum \Delta P_i = 0 \tag{2-30}$$

式中 P_i——网孔中任一分支的风压,顺时针取正,逆时针取负。

(2)有压源网孔

有压源网孔,是指网孔中有自然风压或风机或交通通风力或送排风的作用,其风压平衡定律为:

$$\sum \Delta P_i - \left(\sum H_{风机} + \sum H_{自} + \sum \Delta P_t \right) = 0 \tag{2-31}$$

式中 $H_{风机}$——网孔中风机风压,顺时针取正,逆时针取负;

$H_{自}$——网孔中的自然风压,正负号的取法同上;

ΔP_t——交通通风力,正负号的取法同上。

3. 阻力定律

隧道风路中风流几乎全是稳定紊流,故通风阻力与风量的平方成正比,即:

$$\Delta P = RQ^2 \tag{2-32}$$

式中　ΔP——风路上的通风压力或通风阻力（Pa）；

　　　R——风路上的风阻（kg/m^7）；

　　　Q——通过风路的风量（m^3/s）。

2.2.2.2　简单通风网络中风流参数关系

简单风网包括串联风网和并联风网。它们同样遵循风网中风流流动的基本规律。但是，又各有特点，具有各自的特殊规律。

1. 串联风路

（1）风量关系

顺次连接的串联风路，通过各分支的风量必然相同。若令Q_1，Q_2，Q_3，Q_4，…，Q_n分别代表通过串联风路各分支的分风量，而Q代表通过串联风路的总风量，则：

$$Q_1 = Q_2 = Q_3 = \cdots = Q_n \tag{2-33}$$

上式表明，串联风路的总风量等于组成串联风路各分支的分风量。

（2）风压关系

若令ΔP_1，ΔP_2，ΔP_3，ΔP_4，…，ΔP_n分别代表通过串联风路各分支的分风压，而ΔP代表串联风路的总风压，根据能量叠加原理，则：

$$\Delta P_1 + \Delta P_2 + \cdots + \Delta P_n = \Delta P \tag{2-34}$$

上式表明，串联风路的总风压等于各分支的分风压之和。

（3）风阻关系

根据以上两关系式和通风阻力定律可得，串联风路的总风阻等于各分支风阻之和，即：

$$R_1 + R_2 + \cdots + R_n = R \tag{2-35}$$

2. 并联风网

（1）风量关系

若令Q_1、Q_2分别代表两条并联分支的分风量，而Q代表其总风量，根据风量平衡定律有：

$$Q = Q_1 + Q_2 \tag{2-36}$$

（2）风压关系

若令ΔP_1、ΔP_2分别两条并联分支的分风压，而ΔP代表并联风路的总风压，根据风压平衡定律有：

$$\Delta P = \Delta P_1 = \Delta P_2 \tag{2-37}$$

（3）风阻关系

若令R_1、R_2分别两条并联分支的分风阻，而R代表并联风路的总风阻，根据阻力定律有：

$$R = \cfrac{1}{\left(\cfrac{1}{\sqrt{R_1}} + \cfrac{1}{\sqrt{R_2}}\right)} \tag{2-38}$$

2.2.2.3 复杂地下洞库群通风网络数学模型

对于一个n条分支，m个节点的通风网络，以风流流动的基本规律为出发点，由通风阻力定律、风量平衡定律和风压平衡定律来建立方程组。

通风网络解算的基本方程组如下：

$$\sum_{j=1}^{n} b_{ij}|q_j| = 0 \quad (i=1,2,\cdots,m-1) \quad (2\text{-}39)$$

式中　q_j——分支风量（m^3/s）；

b_{ij}——基本关联矩阵元素。

$$f_i(q_1,q_2,\cdots,q_{n-m+1}) = \sum_{j=1}^{n} c_{ij} r_j q_j |q_j| - h_i' = 0$$

$$(i=1,2,\cdots,n-m+1) \quad (2\text{-}40)$$

式中　$f_i(q_1,q_2,\cdots,q_{n-m+1})$——通风网络回路阻力平衡方程，简记$f_i$；

c_{ij}——基本回路矩阵元素。

对于上式（2-40），可简记为$f_i = \sum r_{ij} q_{ij}^2 = 0$（$j \in i, i=1,2,\cdots,n-m+1$）。为满足风压平衡定律的$n-m+1$个非线性方程，而式（2-39）则是满足节点风量平衡定律的$m-1$个线性方程。

2.2.2.4 复杂地下洞库群通风网络常用解法

对式（2-40），将其进行泰勒级数展开，得到如下方程：

$$f_i = \sum r_{ij} q_{ij}^2 = 0 \quad (j \in i, i = 1, 2, \cdots, n-m+1)$$

$$f_i = f_i^0 + \frac{\partial f_i}{\partial q_1}\Delta q_1 + \frac{\partial f_i}{\partial q_2}\Delta q_2 + \cdots + \frac{\partial f_i}{\partial q_{(n-m+1)}}\Delta q_{(n-m+1)} +$$

$$\frac{1}{2}\frac{\partial^2 f_i}{\partial q_1^2}\Delta q_1^2 + \frac{1}{2}\frac{\partial^2 f_i}{\partial q_2^2}\Delta q_2^2 + \cdots + \frac{1}{2}\frac{\partial^2 f_i}{\partial q_{(n-m+1)}^2}\Delta q_{(n-m+1)}^2 = 0 \quad （2-41）$$

将其用矩阵表示：

$$\boldsymbol{F} = \boldsymbol{F}^0 + \boldsymbol{J}\Delta \boldsymbol{Q}_L + \cdots + \frac{1}{2}\Delta \boldsymbol{Q}_L^\mathrm{T} \boldsymbol{H} \Delta \boldsymbol{Q}_L \quad （2-42）$$

式中　$\Delta \boldsymbol{Q}_L$——余支修正量，$\Delta \boldsymbol{Q}_L = (\Delta q_1, \Delta q_2, \cdots, \Delta q_{n-m+1})$；

$\Delta \boldsymbol{Q}_L^\mathrm{T}$——$\Delta \boldsymbol{Q}_L$的转置矩阵；

$\boldsymbol{J}$——一阶导数矩阵，即Jacobi矩阵；

$\boldsymbol{H}$——二阶导数矩阵，即Hession矩阵；

$\boldsymbol{F}_0$——常量。

其中：

$$J = \begin{bmatrix} \dfrac{\partial f_1}{\partial q_1} & \dfrac{\partial f_1}{\partial q_2} & \cdots & \dfrac{\partial f_1}{\partial q_{n-m+1}} \\ \dfrac{\partial f_2}{\partial q_1} & \dfrac{\partial f_2}{\partial q_2} & \cdots & \dfrac{\partial f_2}{\partial q_{n-m+1}} \\ \vdots & \vdots & & \vdots \\ \dfrac{\partial f_{n-m+1}}{\partial q_1} & \dfrac{\partial f_{n-m+1}}{\partial q_2} & \cdots & \dfrac{\partial f_{n-m+1}}{\partial q_{n-m+1}} \end{bmatrix}$$

$$H = \begin{bmatrix} \dfrac{\partial^2 f_1}{\partial q_1^2} & \dfrac{\partial^2 f_1}{\partial q_2^2} & \cdots & \dfrac{\partial^2 f_1}{\partial q_{n-m+1}^2} \\ \dfrac{\partial^2 f_2}{\partial q_1^2} & \dfrac{\partial^2 f_2}{\partial q_2^2} & \cdots & \dfrac{\partial^2 f_2}{\partial q_{n-m+1}^2} \\ \vdots & \vdots & & \vdots \\ \dfrac{\partial^2 f_{n-m+1}}{\partial q_1^2} & \dfrac{\partial^2 f_{n-m+1}}{\partial q_2^2} & \cdots & \dfrac{\partial^2 f_{n-m+1}}{\partial q_{n-m+1}^2} \end{bmatrix}$$

当
$$\begin{cases} \Delta \boldsymbol{Q}_L = -\boldsymbol{H}^{\mathrm{T}} \boldsymbol{J} \\ \boldsymbol{Q}_L = \boldsymbol{Q}_L^0 + \Delta \boldsymbol{Q}_L \\ \boldsymbol{Q} = \boldsymbol{Q}_L \boldsymbol{C} \end{cases}$$

此时为牛顿法，即由$\boldsymbol{J}$矩阵、$\boldsymbol{H}$矩阵确定余支增量，再确定余支风量，最后由$\boldsymbol{Q}_L\boldsymbol{C}$来确定其他分支的风量。

当

$$\begin{cases} \Delta \boldsymbol{Q}_L^{(k+1)} = -(\boldsymbol{J}^{(k)})^{-1} \boldsymbol{F}^{(k)} \\ \boldsymbol{Q}_L^{(k+1)} = \boldsymbol{Q}_L^{(k)} + \Delta \boldsymbol{Q}_L^{(k+1)} \\ \boldsymbol{Q}^{(k+1)} = \boldsymbol{Q}_L^{(k+1)} \boldsymbol{C} \end{cases}$$

此时为拟牛顿法，为采用一阶导数来逼近牛顿法的迭代法，此时要求一阶导数的逆矩阵。当令

$$\boldsymbol{J}_0 = \begin{bmatrix} \dfrac{\partial f_1}{\partial q_1} & 0 & \cdots & 0 \\ 0 & \dfrac{\partial f_2}{\partial q_2} & \cdots & \dfrac{\partial f_2}{\partial q_{n-m+1}} \\ \vdots & \vdots & & \vdots \\ 0 & 0 & \cdots & \dfrac{\partial f_{n-m+1}}{\partial q_{n-m+1}} \end{bmatrix}$$

此时有

$$\begin{cases} \Delta \boldsymbol{Q}_L^{(k+1)} = -(\boldsymbol{J}_0^{(k)})^{-1} \boldsymbol{F}^{(k)} \\ \boldsymbol{Q}_L^{(k+1)} = \boldsymbol{Q}_L^{(k)} + \Delta \boldsymbol{Q}_L^{(k+1)} \\ \boldsymbol{Q}^{(k+1)} = \boldsymbol{Q}_L^{(k+1)} \boldsymbol{C} \end{cases}$$

此时为斯考得-恒斯雷法，也叫Cross法。在此方法中将$\boldsymbol{J}$变形为$\boldsymbol{J}_0$，再来完成迭代。上述的方法中$\boldsymbol{C}$是回路矩阵；$\boldsymbol{Q}=(\boldsymbol{Q}_L, \boldsymbol{Q}_T)$，其中$\boldsymbol{Q}_L$是余支风量，$\boldsymbol{Q}_T$是树枝风量。

2.2.3 洞库群施工通风特点与难点

随着设计水平与施工技术的提高，地下洞库表现出大型化，洞库群布置复杂化与多样化；地下洞库规模大，开挖、支护工程量大，具有持续高强度施工特征，对施工资源的要求高；纵横交错，平、斜、竖相贯的庞大复杂地下洞库群，质量要求高，施工难度大，为加快施工进度，多采用平面多工序、立体多层次的平行交叉施工作业；而且，随着施工设备、施工工艺不断进步，相应的施工工期逐渐缩短，施工强度加大，这使得本来就比较困难的施工通风问题更加严峻。

2.2.3.1 洞库群施工通风系统特点

地下洞库群开挖的施工通风系统由不同型号的风机、风管和空间位置复杂的风道组成，其影响因素有掘进工作面的情况、工作面距洞口的距离、风管的漏风率、风机的工作风压、通风方式（压入式、抽出式或混合式），以及风管的材质结构类型等，是一个具有多变量影响的复杂系统。传统的施工通风设计一般是根据经验来选择通风设备并进行布置，不能准确了解施工期内通风系统的具体状态。相对于一般隧道施工通风，大型地下洞库群施工通风存特点如下：

（1）超大断面。大型地下洞库群开挖横断面远远大于一般铁路及公路隧道，如地下水封洞库单个主洞库最大断面在500 m²左右，为普通山岭隧道断面的3～8倍。超大断面导致掌子面需风量增加，施工通风难度大，通风要求高。

（2）多工作面。普通单洞山岭隧道一般只有一个工作面，斜井辅助开挖有两个工作面，双洞隧道最多也只存在4～6个工作面，而大型地下洞库群工作面可达几十个，工作面的增加导致施工通风难度增大、洞内污浊空气急剧增多，同时也加大了排烟难度。

（3）洞库断面突变。以地下水封洞库为例，主洞库断面积可达500 m²左右，而交通巷道及主洞库之间连接通道的断面积只有约70 m²，断面的突变造成通风排烟出现诸多问题，由于断面突变，部分污浊空气滞留于主洞库顶部难以排出，造成洞内空气质量下降，给施工作业人员身体造成伤害，严重影响施工进度。

（4）巷道众多且纵横交错。普通山岭隧道一般呈直线型，曲线隧道转弯半径也较大，坡度较小。而对于大型地下洞库群，存在多条纵横交错的巷道，通风管弯折较多，风阻增大，严重影响了施工通风效率。由于洞库较多且纵横交错，排烟气流组织难度大，如没有合理的气流组织，将造成洞内污浊空气难以排除，因此大型地下洞库群的施工通风组织显得尤其重要。

（5）动态性。由于大型地下洞库群工作面较多，洞库纵横交错，网络通风在各个时期存在动态变化，必须对其通风动态进行深入研究，在最低资金投入的情况下，达到优良的通风效果。

2.2.3.2 洞库群施工通风难点

大型地下工程中各洞库纵横交错，布置密集，施工环节相互协调，相互影响。从单洞库角度看，由于围岩条件和施工条件的不同，各单项洞库施工是由钻孔、爆破、通风散烟、安全检查、出渣等多种作业组成的不同施工工艺流程的反复循环过程。对大型地下洞库来说，施工通风技术直接影响地下洞库掘进的规模，特别是在机械化施工水平高度发展的今天，地下洞库通风的水平和发展不仅影响着地下洞库的建设期，而且还左右着项目选址、洞室布设与设计、施工分段及方案确定、施工机械设备选型以及工程进度、工程投资等。施工中往往由于通风设计不当，给施工增加了不必要的投入，降低了施工效率，影响了施工进度，并造成通风效果差，施工空气环境恶劣，严重危害施工人员的健康。

目前研究地下洞库施工通风问题大多局限于通风时间的经验确定、通风机的选择、施工中新材料和新工艺的使用，很少从施工通风的力学特性和动态性方面来对通风方案的合理性进行计算模拟和分析；而且，目前的通风数值模拟大都着重于工程建成后通风某个单方面的分析，而对工程在施工过程中的通风问题分析重视不够，不能反映工程施工期通风中多种因素相互影响的综合效果，缺乏从整体考虑而进行的通风方案优化和合理性分析评价功能，从而使得与实际的施工通风时间差别大，严重影响了施工方案的实施与工程的整体施工进度。因此，为了创造良好的作业环境，保障施工人员的健康与安全，维持机械设备的正常运行，保证工程的进度，需要采用科学的理论方法和先进的技术手段对地下洞库施工通风问题进行分析研究，从而选择更加合理的施工通风方案。

大型地下洞库群施工通风的最大困难，体现在各个通风时期之间的动态变化。研究各个时期之间施工通风的动态性，能够使通风更好地为工程施工服务，能够更好地在人、财、物上和工程进度结合起来综合考虑，能够以最优的投资，获得更好的通风效果和节电效果。

2.3 洞库式数据中心通风设计现状

目前数据中心通风节能方面的研究已经相对成熟，但其主要针对建设于地面的常规数据中心。洞库式数据中心作为一个埋置于山体内部

第2章 洞库式数据中心通风设计基础

的新型地下数据中心,具有高安全、高隐蔽、高防护、高能效的典型优势,为数据中心发展提供了新方向,同时也提供了新的研究挑战。因数据中心整体埋置于地下,洞库式数据中心结构布局明显异于常规地面数据中心,已有的相关研究基本无法适用。国内外关于洞库式数据中心的建设还处于起步摸索阶段,并无相关技术规范标准进行指导,也没有相关工程案例进行借鉴。因此,洞库式数据中心通风设计只能借鉴公路隧道、其他洞库群施工、运营的通风设计,同时结合洞库式数据中心的功能、结构布局等方面开展研究,对比分析不同设置工况下通风系统的运行状况,旨在为洞库式数据中心寻找最佳的通风方案。

洞库式数据中心作为地下结构,其布置形式、散热通道布设是一个新的课题,洞内结构布局、通风竖井方案等对数据中心能效影响规律尚不明确。如何更加科学合理地实现洞库式数据中心通风散热,对洞库式数据中心通风方案进行理论计算与数值模拟研究,在为洞库式数据中心竖井的合理布设提供理论支撑的同时,也提高了洞库式数据中心能效指标,助力实现碳达峰、碳中和目标;也为后续洞库式数据中心的建设方案提供一定参考,助推贵州省建设具有"高能效、高安全"地方特色的洞库式数据中心集群示范。

对于洞库式数据中心通风研究,应从结构布局及气流疏散特性、竖井烟囱效应、竖井结构受力、排热通风等方面开展。

第 3 章

洞库式数据中心气流疏散特性

第3章 洞库式数据中心气流疏散特性

3.1 冷热通道布局

对于数据中心冷热通道的布置，提出侧送上回、上送侧回、中送上回、下送上回四种方式并进行分析比较，示意图如下。

1. 侧送上回方案

如图3-1所示。

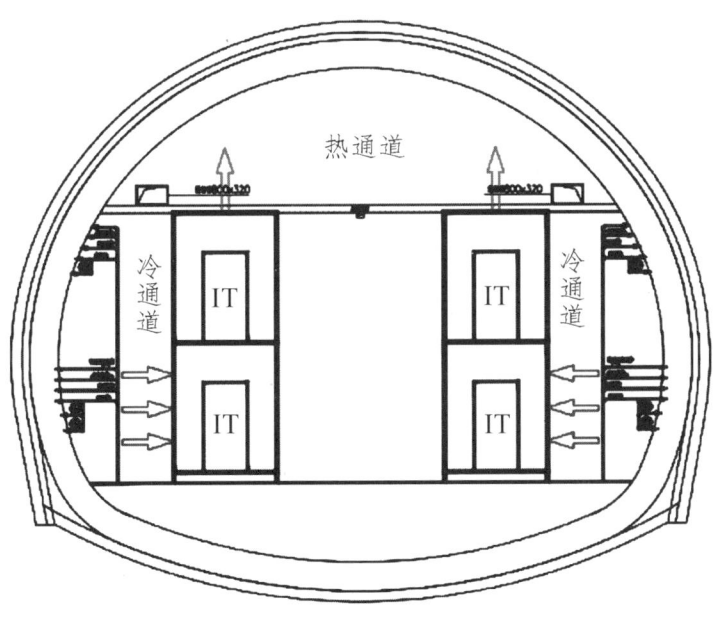

图3-1 侧送上回

洞库两侧作为冷通道，上部作为热通道。室外新风从洞库上部进口端进入，随后下沉进入左右冷通道，风经过该侧冷通道内空调模块背部进风口进入IT模块集装箱进行降温，然后热风通过散热器进入上部热通道，最后从竖井排出。

2. 上送侧回方案

如图3-2所示。

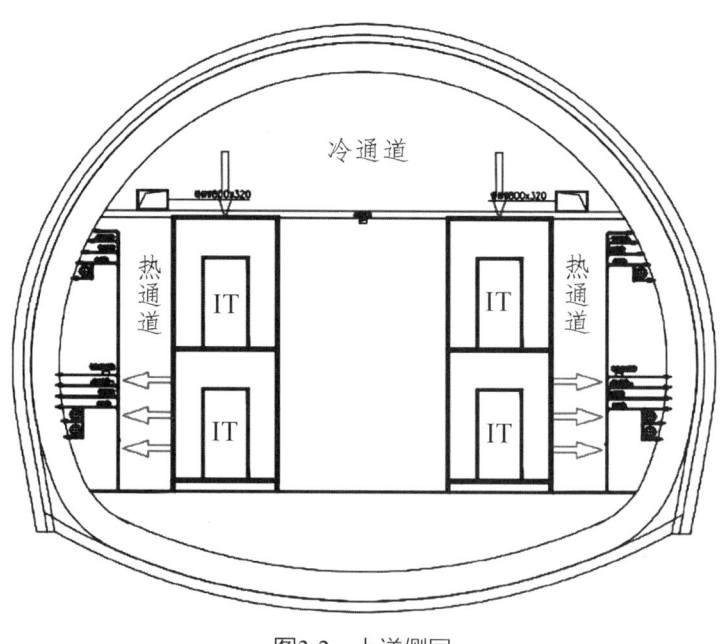

图3-2 上送侧回

洞库上部作为冷通道，两侧作为热通道。室外新风从洞库上部进口端进入，随后直接进入上部冷通道，风经过空调模块上处进风口进入IT模块集装箱进行降温，然后热风通过散热器排入两侧热通道，最后从竖井排出。

在该方案中，风通过风机后可以直接进入上部冷通道，相比于下沉进入左右通道及中部通道，能够减小其阻力损失。但是由于线槽布置在两侧通道内，两侧布置热通道可能会影响其使用寿命。

3. 中送上回方案

如图3-3所示。

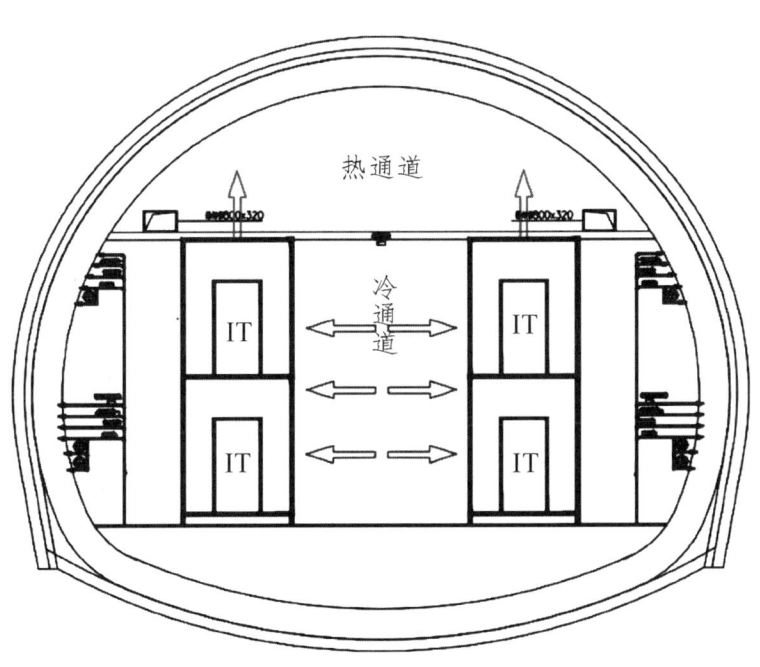

图3-3　中送上回

洞库中部作为冷通道，上部作为热通道。室外新风从洞库上部进口端进入，随后下沉进入中部冷通道，风经过冷通道内两侧空调模块背部进风口进入IT模块集装箱进行降温，然后热风通过散热器排入上部热通道，最后从竖井排出。

4. 下送上回方案

如图3-4所示。

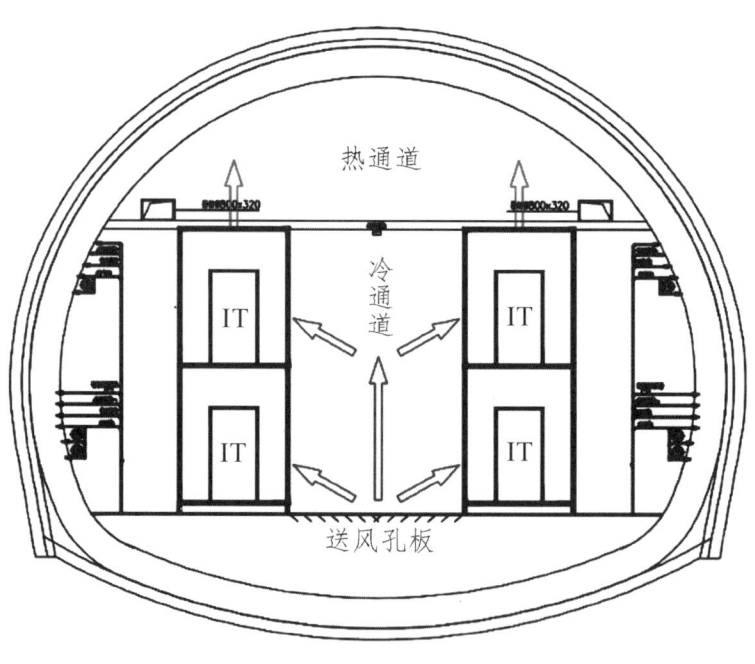

图3-4 下送上回

洞库中部作为冷通道，上部作为热通道。室外新风从洞库上部进口端进入，随后下沉进入地板下部，通过送风孔板送入中部冷通道，风经过冷通道内两侧空调模块背部进风口进入IT模块集装箱进行降温，然后热风通过散热器排入上部热通道，最后从竖井排出。

下送上回由于其制冷效果好，是目前数据中心的主流方案之一，但对于洞库式数据中心，由于其有限的空间，且下送上回采用架高地板空间，故需要加大洞库的断面，从而增加土建成本，故不建议采用该方案。

3.2 不同冷热通道布局下气流组织疏散特性模拟

对于采用风冷技术进行降温冷却的数据中心来说，合理的结构布局有利于气流的有序流动，减少涡流产生，从而降低风流的损失，降低风机能耗，提高降温效率。由于洞库式数据中心结构复杂，门、孔众多，气流流动特性可能较为复杂，因此其气流的疏散特性研究至关重要。

3.2.1 不同冷热通道结构布局模型建立

依据前述3种可行的冷热通道布置方案，建立不同通风冷却方式下的数据中心结构模型，采用数值模拟计算后进行分析比选。本书借助ANSYS下的建模软件Spaceclaim对数据中心进行建模，由于数据中心冷、热通道两部分气流仅通过进/出风口进行风流交换，气流流动相对独立，为简单明了地反映气流疏散特性，将洞库式数据中心划分为冷、热通道两部分。由于数据中心联络通道两侧结构布局对称，为降低数值模拟计算难度，仅对联络通道一侧进行建模，同时对模型作了一定简化。

3.2.1.1 侧送上回

侧送上回方案下，机柜后方两侧通道内作为冷通道，机柜上方作为热通道，冷通道内气流经过空调模块冷风口进入，经空调模块换热后热风由上部热风口排入热通道。侧送上回方案下数据中心冷、热通道整体结构模型见图3-5。

第3章 洞库式数据中心气流疏散特性

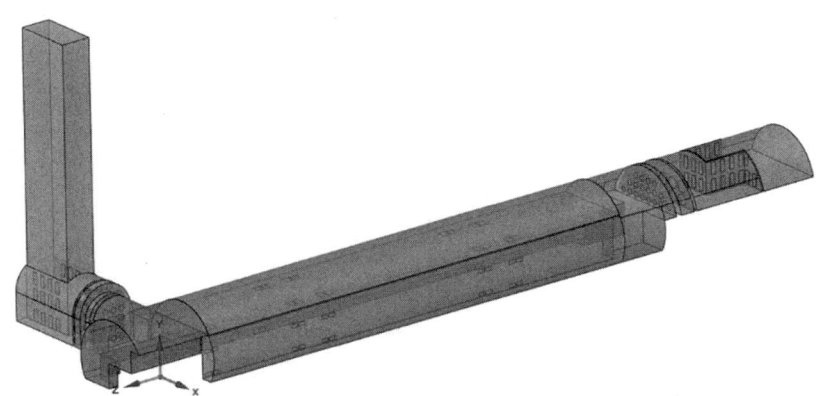

图3-5 侧送上回整体结构模型

1. 冷通道结构布局

IT洞库冷通道主要由进口端上部洞库、进风扩散室、风机、出口端下部冷通道和空调模块背部冷风口组成。IT洞库冷通道结构布局如图3-6。

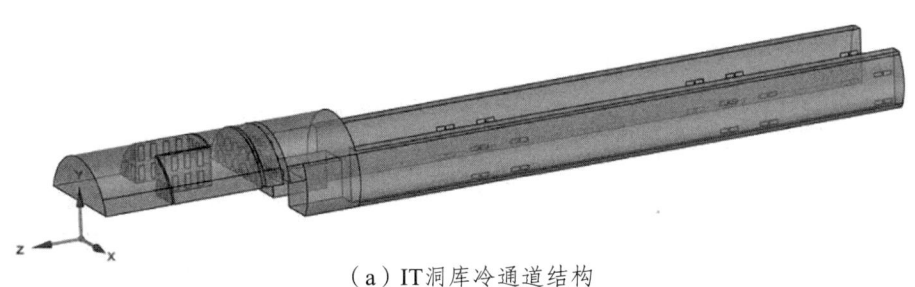

(a) IT洞库冷通道结构

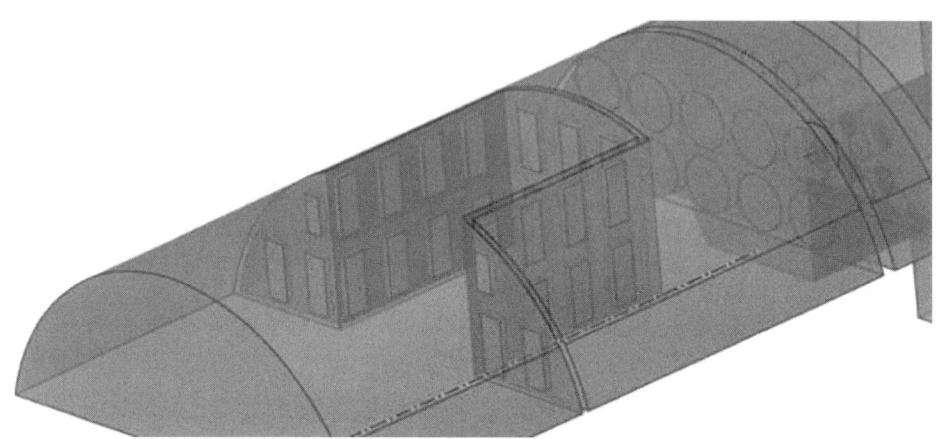

(b)扩散室处局部结构

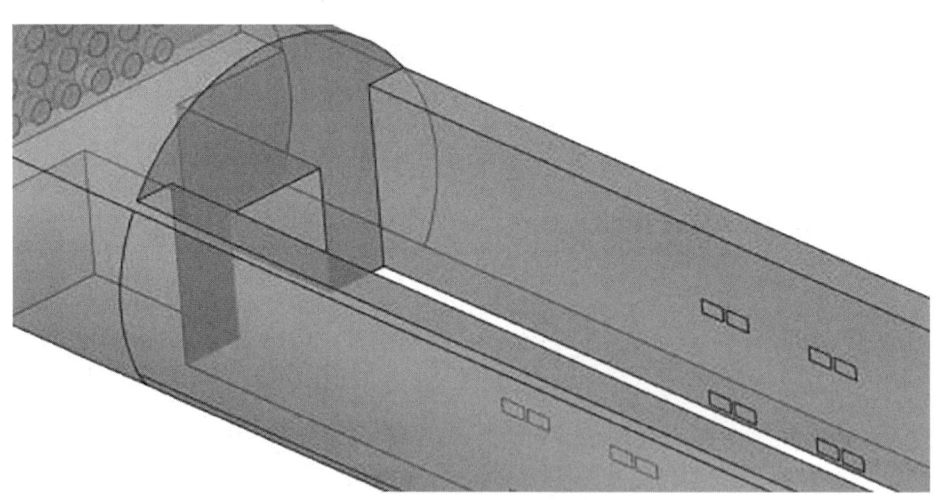

(c)冷通道处局部结构

图3-6 IT洞库冷通道结构模型

第3章 洞库式数据中心气流疏散特性

IT洞库冷通道进口端上部洞库采用上下两层扩散门，宽×高为0.85 m×2.1 m。扩散室处有10个直径为2 m的扩散孔。风机处为15台直径为1 m的风机。空调背部冷风口沿洞库纵向间隔布置，共上下两层，宽×高为1.2 m×0.6 m。IT洞库冷通道采用侧间送风的冷却方案。室外新风首先从进口端上部洞库进风口进入，随后到达扩散室，经扩散室的扩散孔后到达风机处，经风机进行加压送风，随后风流受热通道避免阻挡，下沉至洞库底部，进入两侧冷通道。风流经冷通道内空调模块背部进风口进入IT模块集装箱进行降温。

2. 热通道结构布局

IT洞库热通道主要由空调模块热风口、热通道、风机、扩散室、竖井组成。IT洞库热通道结构布局如图3-7。

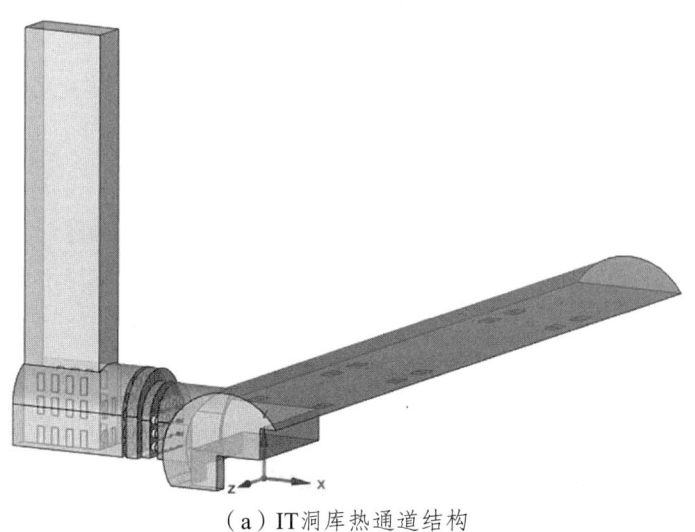

（a）IT洞库热通道结构

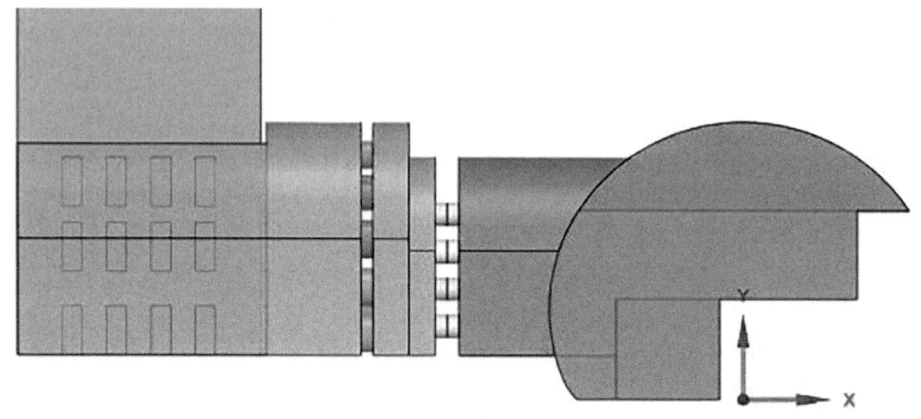

(b)扩散室处局部结构

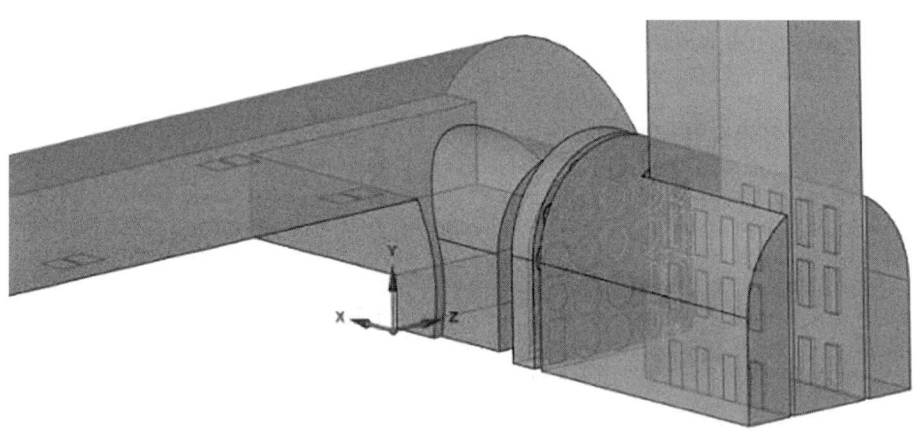

(c)热通道处局部结构

图3-7 IT洞库热通道结构模型

IT洞库热通道空调模块热风口沿洞库纵向间隔布置，宽×高为 1.6 m×1.2 m，与冷通道中开空调冷风口位置对应。热通道到达竖井处横断面存在变化，断面下降至横通道处。竖井处同样采取15台直径为1 m的风机进行排风。扩散室处存在若干扩散孔，直径不完全统一。竖井和横通道通过若干扩散门相连，竖井高度为50 m。IT洞库热通道内热风从空调模块热风口排入，到达横通道处风流下沉随后经风机加压送风，经扩散孔、竖井处门后由竖井排出。

3.2.1.2　上送侧回

上送侧回方案与上节中侧送上回方案相比，冷、热通道布设正好相反。该方案下，冷通道中气流从上部冷风口进入空调模块，换热后热风从后方热风口排入两侧热通道。

1. 冷通道结构布局

上送侧回方案下，冷通道结构布局如图3-8。进风扩散室处局部结构布局及尺寸与侧送上回方案下保持一致，因此不再赘述。室外新风同样由进口端上部洞库进入，由于冷通道在上部，经风机加压后，气流无需下沉，直接进入上部冷通道内。

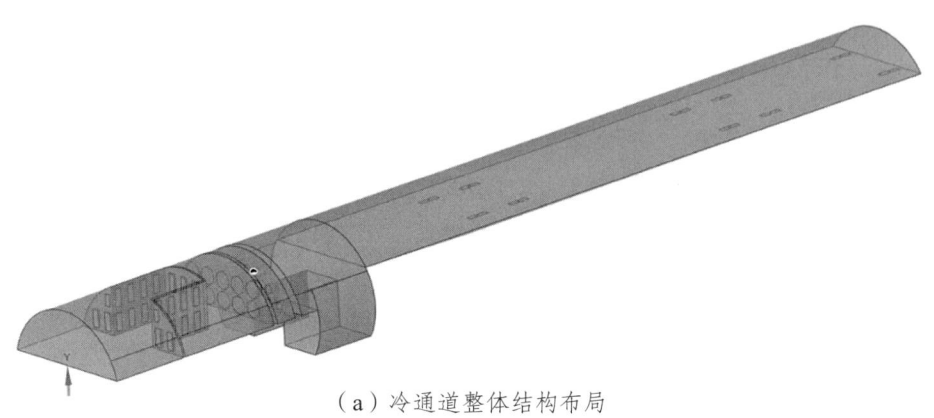

（a）冷通道整体结构布局

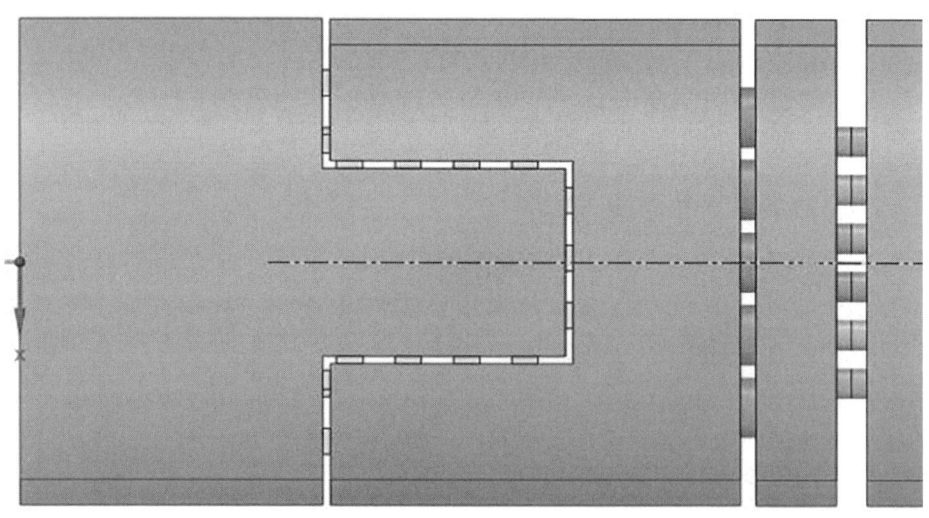

（b）扩散室处局部模型

第3章 洞库式数据中心气流疏散特性

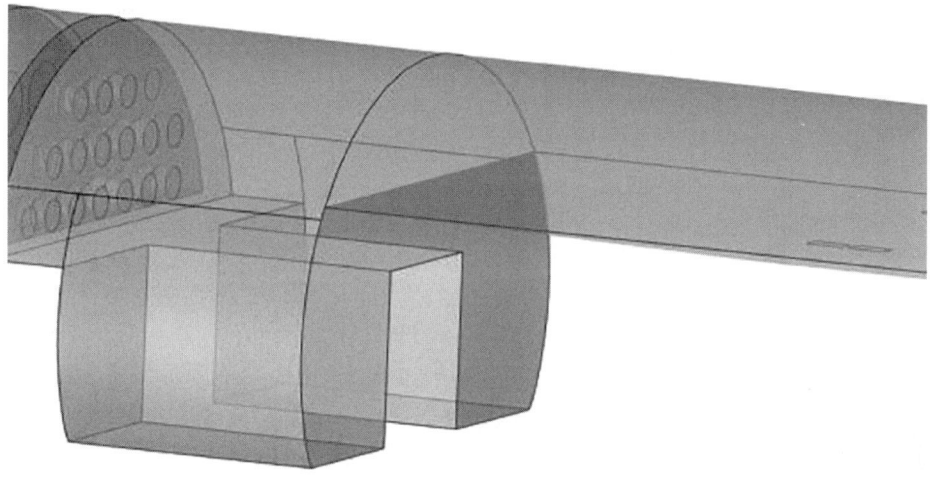

(c)冷通道处局部模型

图3-8 上送侧回方案冷通道结构布局

2. 热通道结构布局

上送侧回方案下，热通道结构布局如图3-9。该方案下热风从空调模块热风口进入侧部热通道，热风到达竖井处横通道时直接进入竖井的进风扩散室，随后经竖井排出。

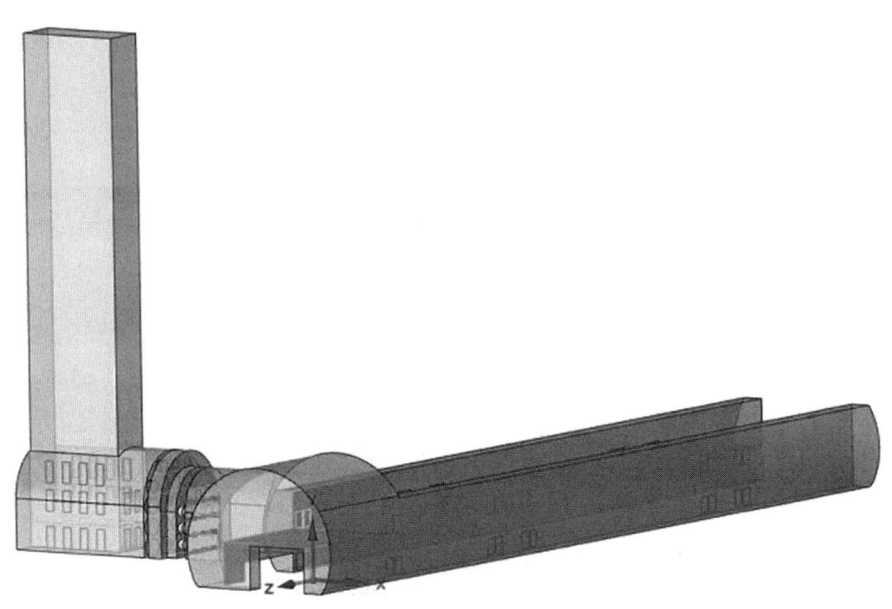

(a) 热通道整体结构布局

第3章 洞库式数据中心气流疏散特性

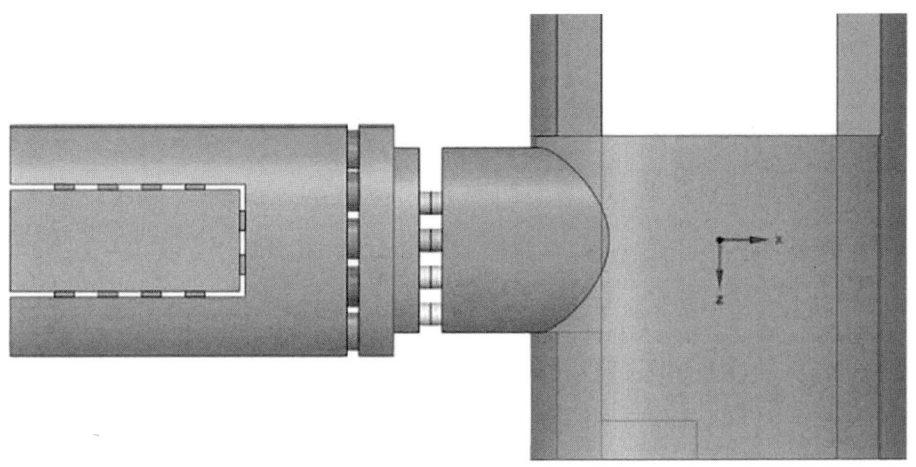

(b) 扩散室处局部结构

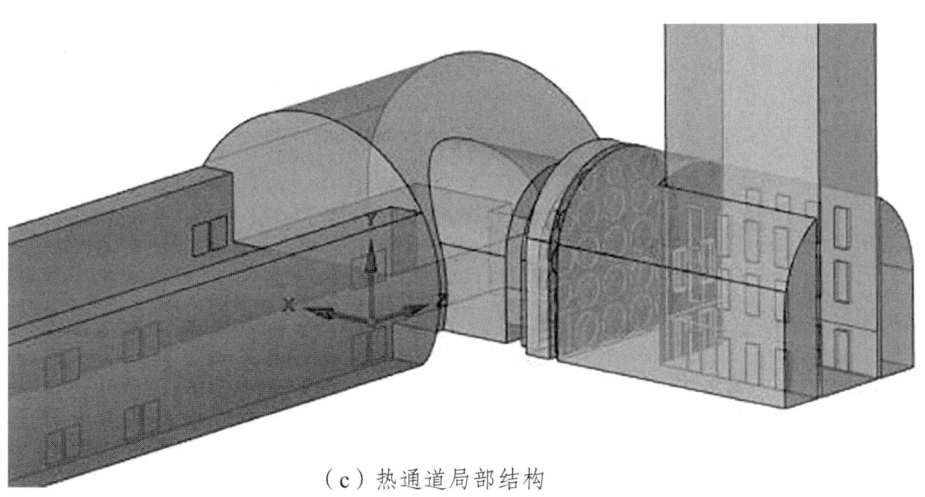

(c) 热通道局部结构

图3-9 上送侧回方案热通道结构布局

3.2.1.3 中送上回

中送上回方案下,中间通道作为冷通道,上部通道作为热通道。与侧送上回方案相比,中送上回方案的热通道结构布局保持一致,仅冷通道发生改变,因此仅对冷通道结构布局进行模拟研究。该方案下冷通道结构布局如图3-10。

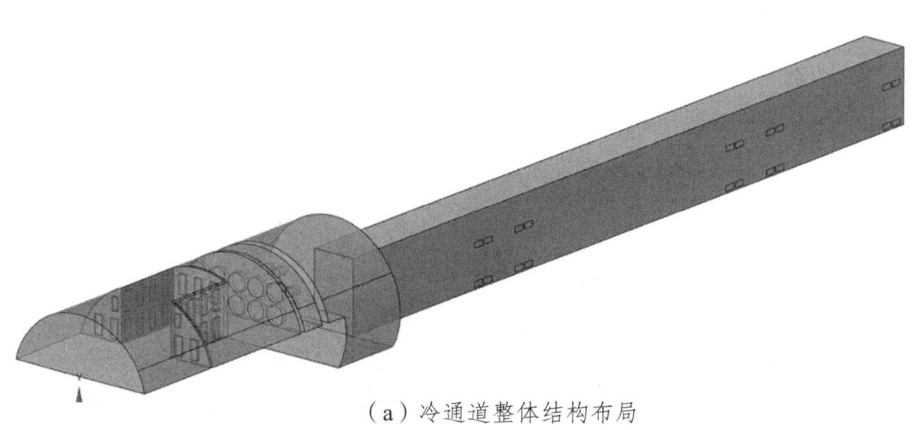

(a)冷通道整体结构布局

第3章 洞库式数据中心气流疏散特性

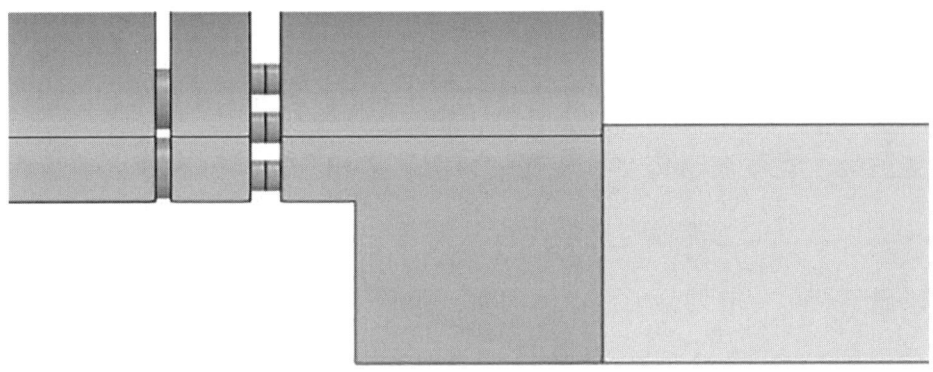

(b) 扩散室局部结构

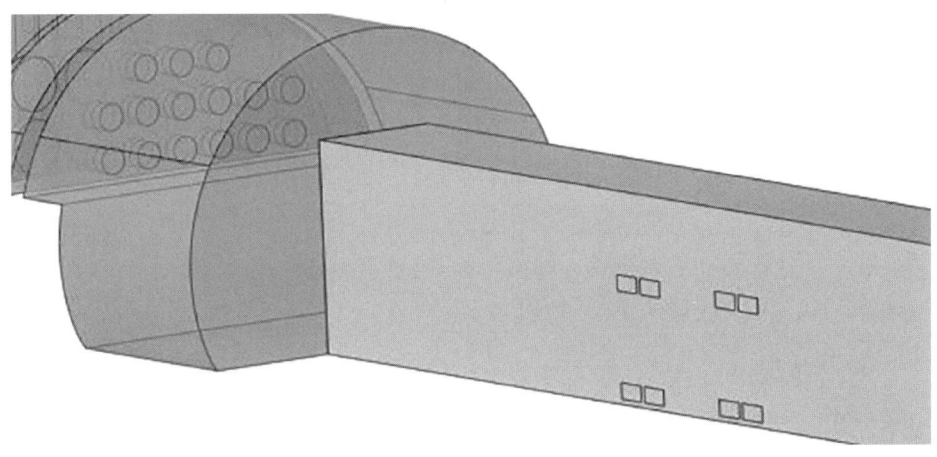

(c) 冷通道局部结构

图3-10 中送上回方案冷通道结构布局

105

3.2.2 模型网格划分及参数设置

本节借助流体仿真计算软件Fluent 20.0进行数值模拟。Fluent功能强大，在湍流、传热、相变、辐射、多相流等模型表现出独特优势，因此目前为流体计算的主流软件之一。在3D模型中，按照网格形状划分可一般划分为四面体网格、六面体网格、棱柱网格以及多面体网格。按网格数据结构划分可分为两种：结构化网格以及非结构化网格。可粗略地认为六面体即结构化网格，四面体为非结构化网格。结构化网格要求模型在每一层网格上的节点数相等，故对于复杂的模型网格生成较为困难。而四面体网格没有层的概念，网格节点分布随意，因此更为灵活，但对于同网格尺寸的模型下，采用四面体划分的网格数较多。多面体网格同四面体网格一样具有较强的网格自生成能力，其最大优点在于它有众多相邻单元，因此计算时涉及的面插值等操作较多、收敛速度较快、精度较高。

鉴于数据中心模型本身模型较为复杂，且细部模型较多，与洞库相比尺寸较小，如扩散孔、风机、扩散门、空调模块冷、热风口等。若采用六面体网格较难生成，而采用四面体则网格数过多，增加计算难度。故本研究采用多面体网格进行划分。模型划分采用多区域划分。模型整体网格最大尺寸为0.6 m，对于细部模型处流场变化较为剧烈，因此进行网格加密，网格尺寸为0.05 m，网格尺寸增长系数为1.1。模型网格图见图3-11（以侧送上回方案中冷通道为例）。IT冷通道入口设置为压力入口（Pressure Inlet），出口设置为速度出口（Velocity Outlet）；IT热通道入口设置为速度入口（Velocity Inlet），模型进出口设置为压力出口（Pressure Outlet）。采用Fan边界对风机模拟，风机升压力设为450 Pa。洞库壁面设置为光滑壁面，剪切应力为0，暂不考虑沿程阻力损失，仅对局部损失进行探究。速度口风速按需风量560 000 m³/h换算后进行设置，压力口与大气相对气压设置为0。气压为88 kPa。

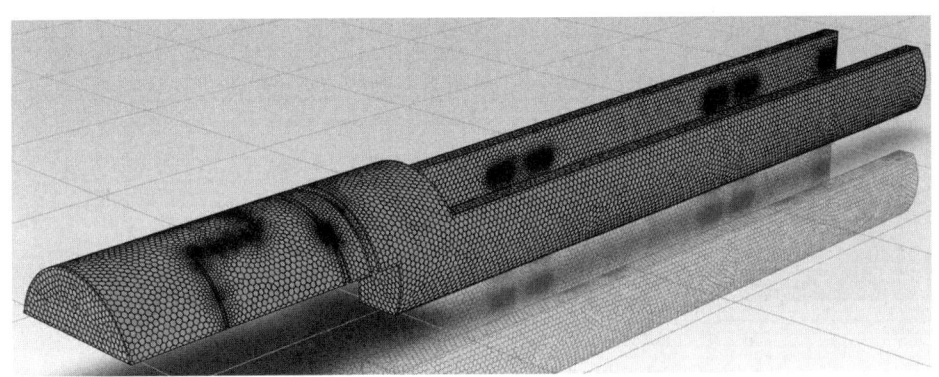

(a) 模型整体网格

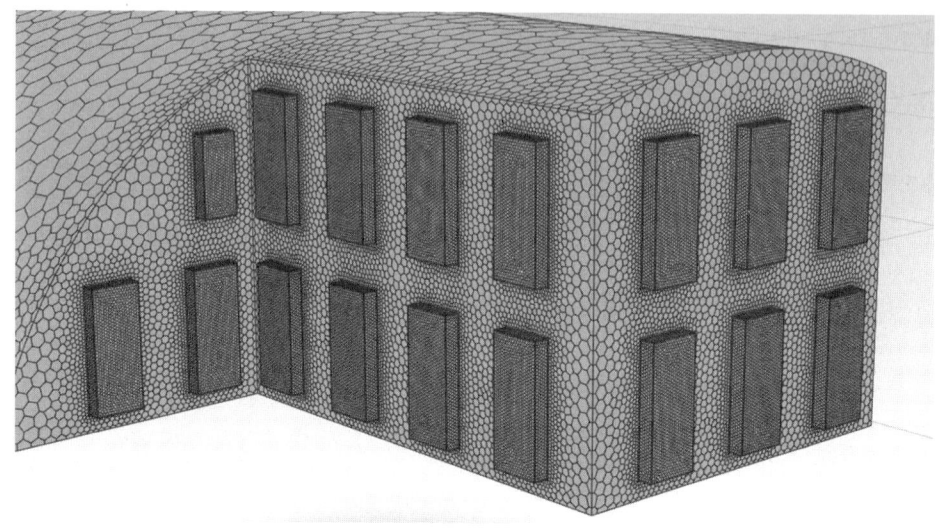

(b)扩散室门处局部网格

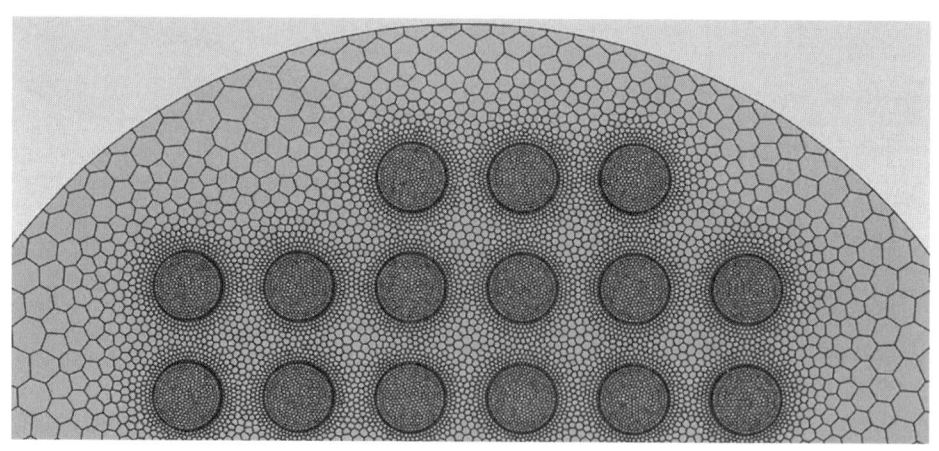

(c)风机处局部网格

图3-11 模型网格图

3.2.3 侧送上回气流组织分析

3.2.3.1 冷通道

1. 流场分布特性

空调冷风口作为速度出口,气流从洞库入口被吸入,此时入口断面平均风速约为2 m/s。气流流至进风扩散室门处过风面积减小,流速增大。气流到达风机处,经风机加压后风速可达7~9 m/s。随后气流下沉流至冷通道,在冷通道中速度沿程衰减。从流场矢量图来看,扩散室门前的气流仍比较稳定,经过扩散室门后气流开始紊乱,且由于扩散门总体形状为"凹"字形,气流分别从正面和侧面流入扩散室,增加了对气流的扰动距离。为保证进风量且满足数据中心运维需求,因此尽可能使进风面积增大,因此进风扩散门采用"凹"字形布设,虽然采用目前布设方式也可以满足气疏散要求,但从模拟计算结果来看,扩散门、孔处存在优化空间。在风机与冷通道之间的这一段范围内,由于该位置受上部热通道壁面的阻挡,截面发生变化,气流需下沉进入冷通道,故此位置处水平方向和竖直方向处,风机两侧有较大涡流。且由于热通道壁的阻挡,气流并不能完全进入冷通道内,造成的气流损失较大。此外在各壁面转角处、各扩散门、孔之间的间隔范围内，风流也较为混乱，存在众多小涡流。流场分布如图3-12、图3-13所示。

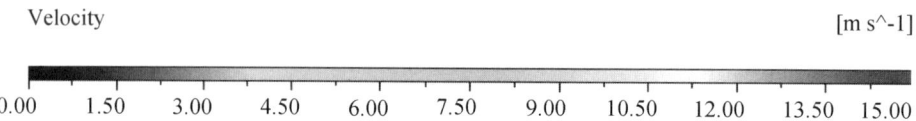

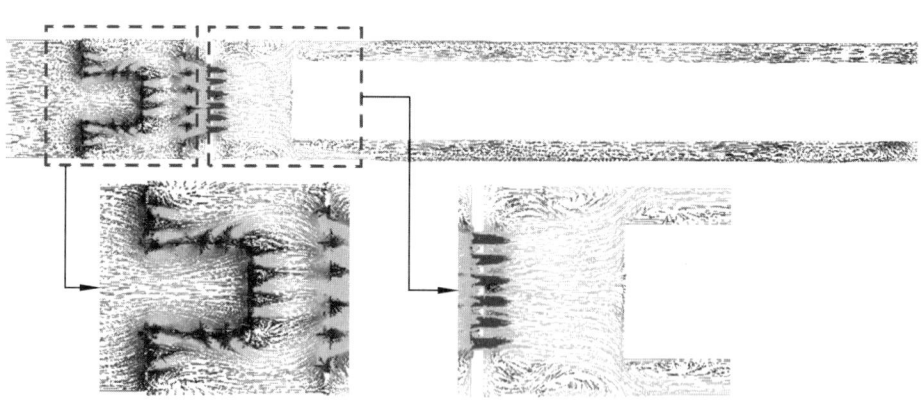

（a）第一层风机轴线水平面流场分布

第3章 洞库式数据中心气流疏散特性

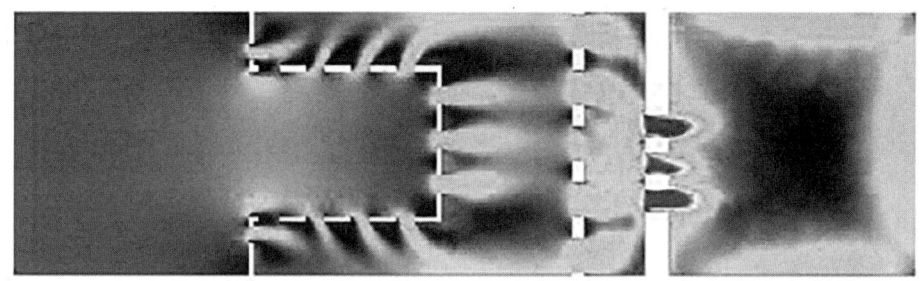

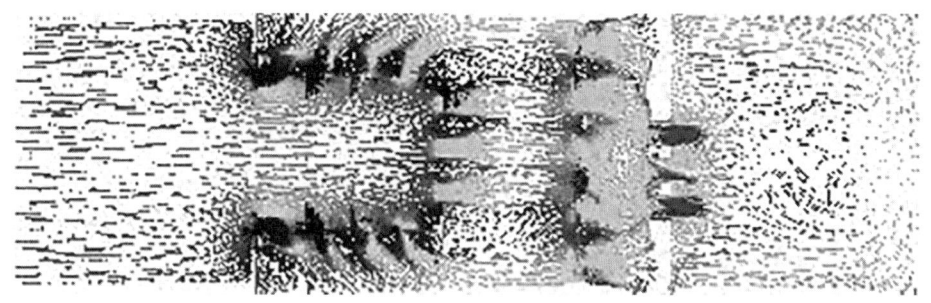

（b）第三层风机轴线水平面流场分布

图3-12 风机轴线处水平面流场分布

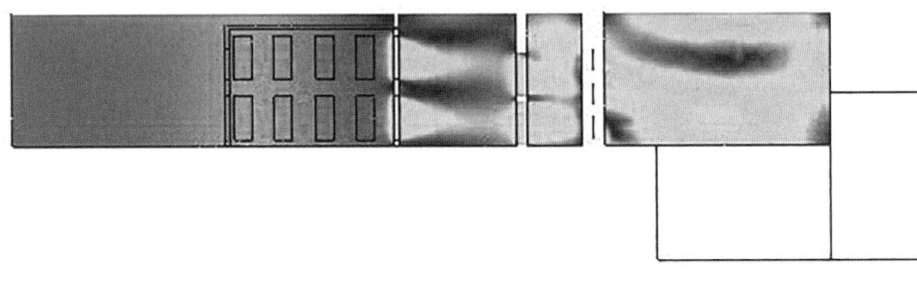

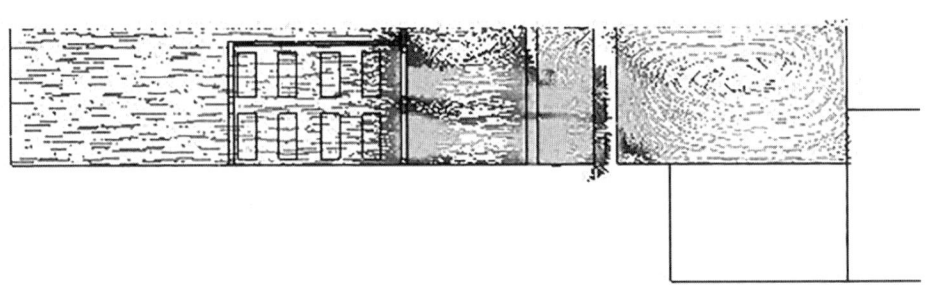

图3-13 纵剖面流场分布

图3-14为冷通道内空调冷风口高度处风速沿程变化趋势。由图中可知，冷通道内风速呈现沿程下降的趋势，在冷通道的入口端，风速最大，一般为4～8 m/s，在末端时风速降至1m/s左右。冷通道内第一层空调口高度位置处的风速要大于第二层，这是由于风机送进来的气流

第3章 洞库式数据中心气流疏散特性

在上层受热通道壁的阻挡,随后窜入冷通道下层的原因。在每个空调口冷风口位置处,风速均略微增大,随后经过空调口后又开始沿程下降。这是因为冷风口处设置为速度出口,气流经过冷风口时受出口风速影响,风速叠加。在第二层冷风口高度处,冷通道入口端风速有一小段范围内风速急剧下降,这是因为气流被壁面阻挡后绕流流进冷通道时,在转角处存在负压区,风流在此处形成涡流,风速较小。

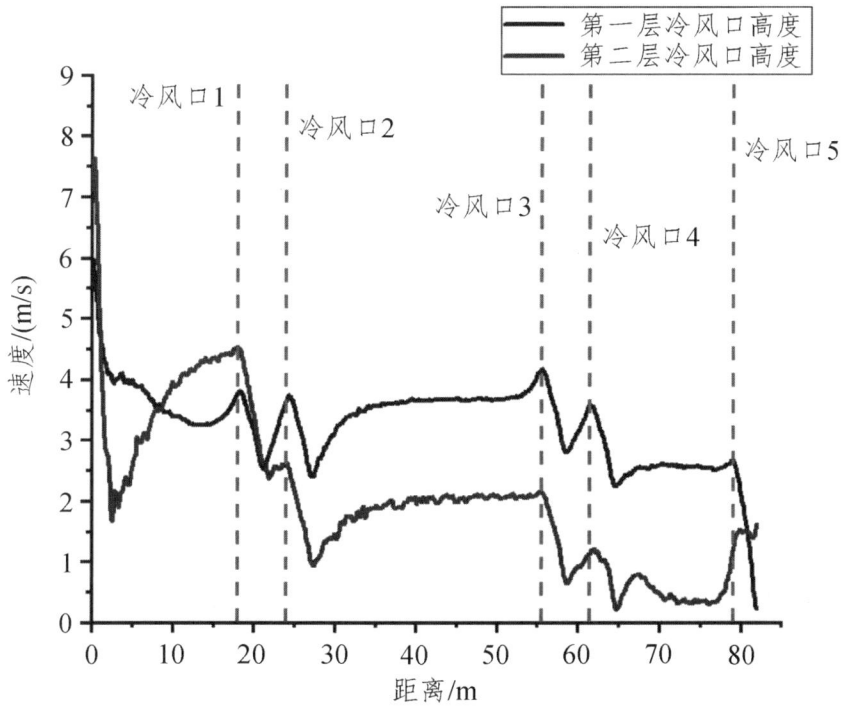

图3-14 冷通道空调冷风口高度处风速沿程变化

2. 压力分布特性

图3-15为过风机轴线处水平面的压力分布图。从图中可以看出,在风机前后,洞库内的压力分布存在明显差异。取进风扩散室过扩散室门、扩散孔和风机一条从入口至热通道壁的水平线进行分析,该分析线的沿程压力变化见图3-16。该分析线上的沿程压力变化主要有3处:一是扩散室门处;二是扩散孔处;三是风机处。扩散室门和扩散孔作为局部障碍物导致了压力损失,损失大小分别约为20 Pa、15 Pa。而风机作为加压送风设备,压力在此处突升,升压力约为380 Pa。由于洞库壁面设置为光滑壁面,沿程阻力损失为0,从冷通道入口至扩散室门处沿程没有局部阻力损失,故该段的压力基本为0保持不变。此外在距入口10 m处,此位置开始进入扩散室,受扩散室两侧门的影响,压力存在轻微波动。在距离40 m处,即热通道壁面附近,该处气流受壁面阻挡,气流受挤压,压力略微升高。

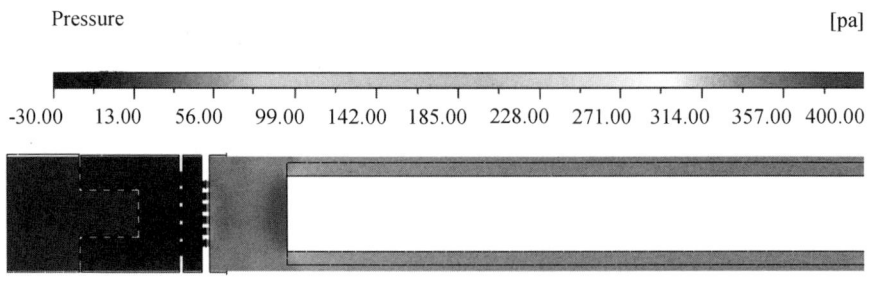

图3-15 第一层风机轴线处水平面压力分布

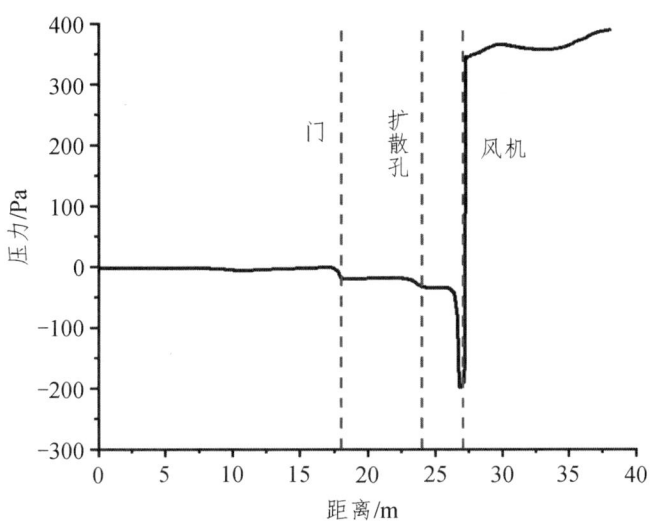

图3-16 进风扩散室沿程压力变化

3.2.3.2 热通道

1. 流场分布特性

由图3-17热通道中心纵剖面流场分布可知，经热通道热风口进入的气流在到达竖井处时，由于断面发生变化以及前方壁面阻挡，故在该断面变化处存在两明显涡流。在竖井处风机房的加压作用下，热通道内风速随风机距离减小而增大。且受热通道顶部限制，空调模块热风口排进热通道的气流有相当一部分的在撞击至洞库顶部后向两侧扩散，该竖向风可能还会形成类似"风帘幕"的作用，对气流起一阻挡作用，该现象随距离竖井越远越明显。从图3-18来看，气流经顶部热通道下降进入风机房处时,气流较为合理,但在风机加压后进入扩散孔时气流尤为混乱,且各风机气流存在明显的相互影响。在竖井底部,大部分气流经竖井底部正面的扩散门进入竖井,两侧门的风速相对较小,且由于风机位置并非对称,两侧门风速不一致。在竖井内部,三侧门的存在使得气流相互影响。同样,在壁面转角处存在许多小涡流。从图3-19来看,在风机前方,风机后方,气流形成一大涡流,可能是各风机的流场叠加影响,进一步说明风机间距对气流流动有较大影响。

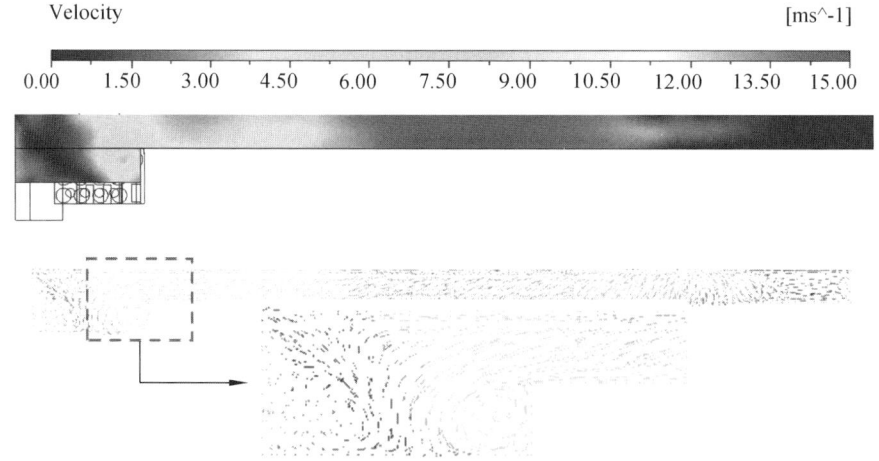

图3-17 热通道中心纵剖面流场分布

第3章 洞库式数据中心气流疏散特性

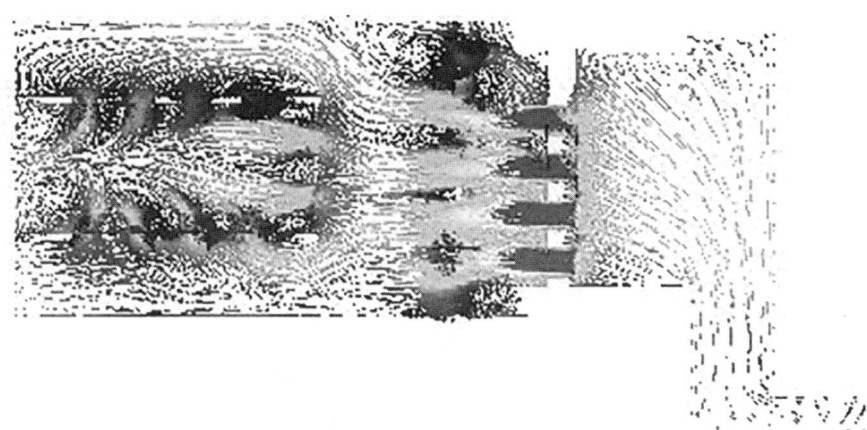

(a) 水平面流场分布

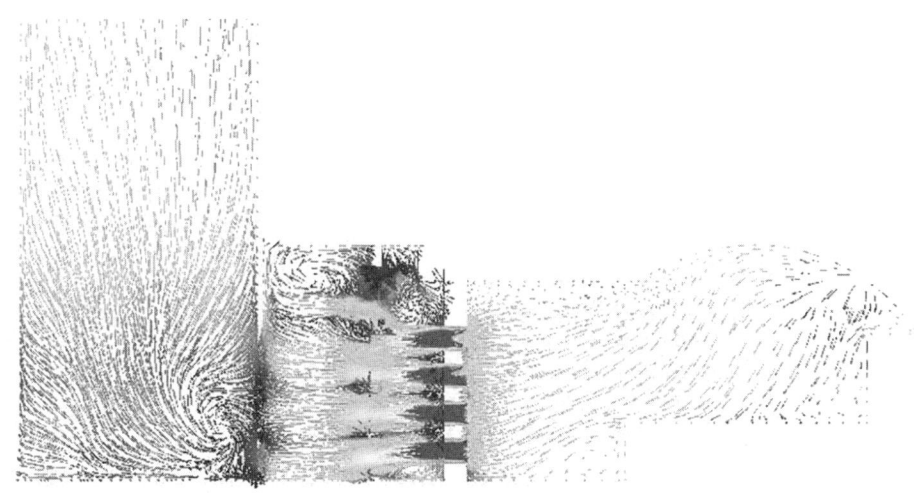

(b) 剖面流场分布

图3-18 风机轴线处水平面及剖面流场分布

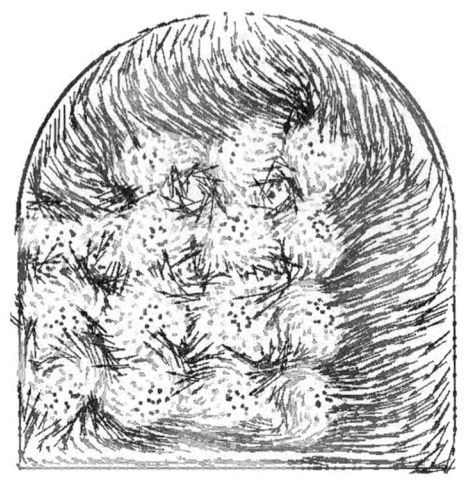

（a）风机前方

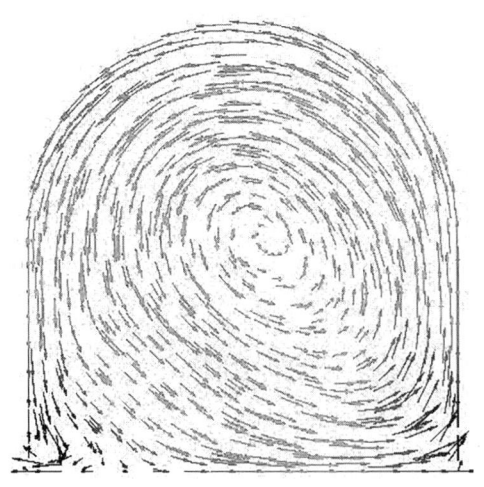

（b）风机后方

图3-19　风机前、后方横通道流场分布

第3章 洞库式数据中心气流疏散特性

2. 压力分布特性

取过第一层中心风机轴线的水平面、纵剖面作分析，图3-20为该水平面上的压力分布图。经风机加压后，风机前后流场压力变化明显，风机前方处于正压区，风机后方处于负压区，经扩散门、孔后存在压力损失。取出风扩散室内过风机、扩散孔、门的一条贯通直线，其沿程压力变化见图3-21。在风机后方，压力基本稳定在-400 Pa，经风机加压后，风机前方压力增大至0 Pa左右，风机所提供的升压力约为400 Pa，比冷通道中的风机升压力略微增大20 Pa。在IT洞库冷通道中，风机提供的升压力约为380 Pa，均比模拟计算时设置450 Pa升压力要小，说明风机所提供的升压力存在损失。风机安装间距过小会导致风机工作时相互影响，降低风机工作效率。此外风机在实际工作时所提供的升压力并非一直保持固定，因此在实际中的风机升压力损失可能会更大。此外气流在经过扩散门、孔时压力均有一定损失，压力损失分别约为20 Pa、30 Pa。气流在风机—扩散孔—门之间，压力呈现上升趋势，可能是因为由于这三处的中心线不在同一直线上，该直线靠近各洞库壁，故气流经过门孔时，受其壁面阻挡，气流受压，压力升高。

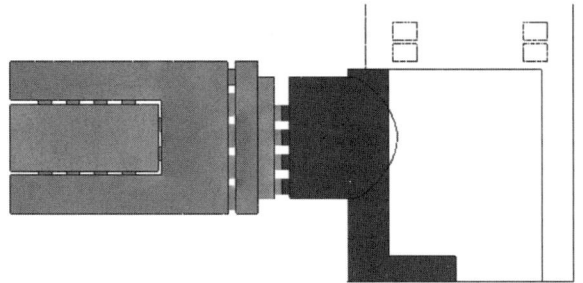

（a）风机轴线水平面压力分布

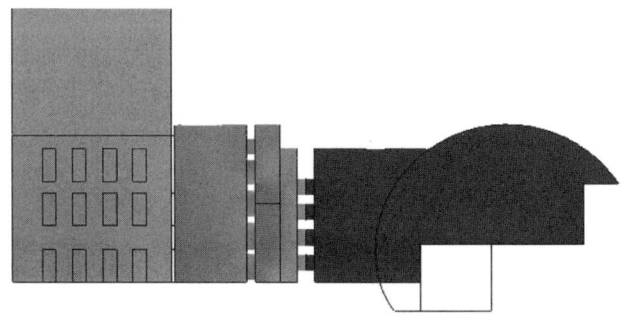

（b）风机轴线纵剖面压力分布

图3-20 风机轴线水平面及纵剖面压力分布

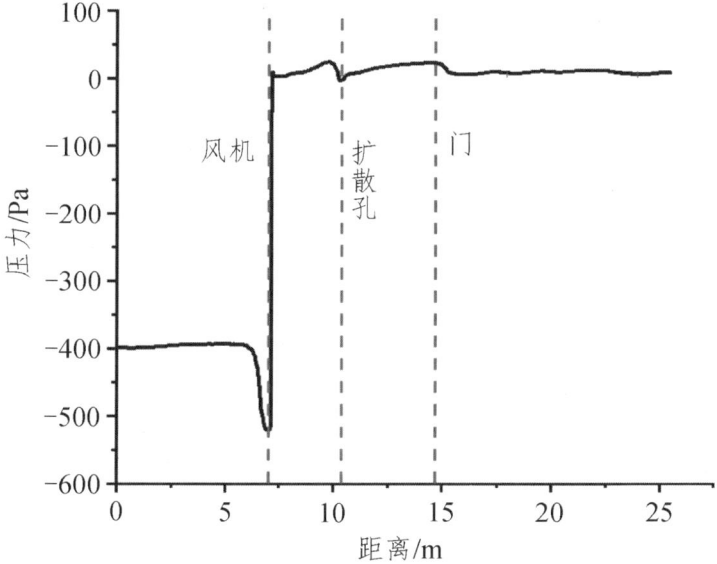

图3-21 出风扩散室压力沿程分布

3.2.4　上送侧回气流组织分析

3.2.4.1　冷通道

1. 流场分布特性

上送侧回方案中，冷通道流场分布特性如图3-22。从过风机轴线水平面及纵剖面流场分布来看，采用上送侧回方案，室外气流经风机加压送风后可直接从上部进入冷通道，这也是上送侧回方案与侧送上回方案相比最大的不同之处。在纵剖面上，由于冷通道吊顶层高度略高于风机扩散室面，气流尽管略受阻挡，在风机上方气流仍产生一定涡流，但气流已为顺畅进入冷通道内；在水平面上，由于冷热通道布局的交换，气流有一部分会积聚在底部，在水平面上风机两侧仍有较大涡流。但从第三层风机轴线水平面图可明显看出，经风机加压后送入冷通道内的气流明显顺畅，气流流速在入口全断面较为均衡。从气流流速大小来看，进口端断面平均风速约为2 m/s，经风机加压送风后气流流速一般为7~9 m/s，与侧送上回方案无明显差别。在空调制冷模块处的冷通道内，气流流速同样也是沿程下降，在进口端流速一般为5~6 m/s，经过冷风口后气流流速略微增大，随后沿程下降，在末端气流流速约为1.5 m/s，与侧送上回方案相比，气流更为稳定，末端的流速也略大（图3-23）。由于上送上回方案中进风扩散室处结构布局保持与侧送上回方案一致，在进风扩散室内气流流动特性与侧送上回方案相比并无太大区别。

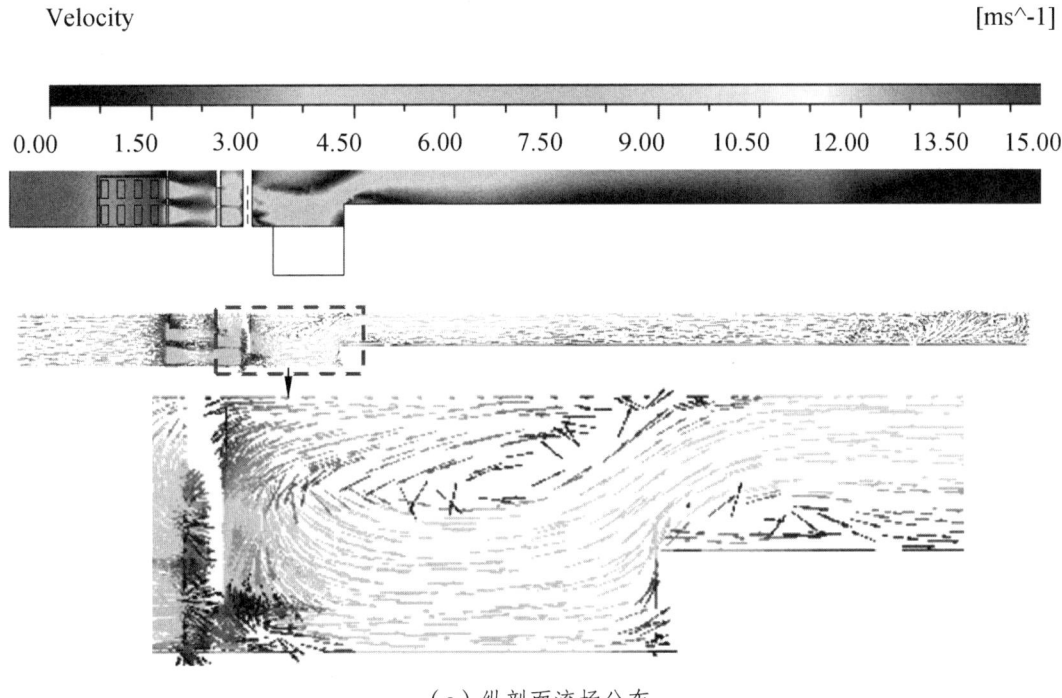

（a）纵剖面流场分布

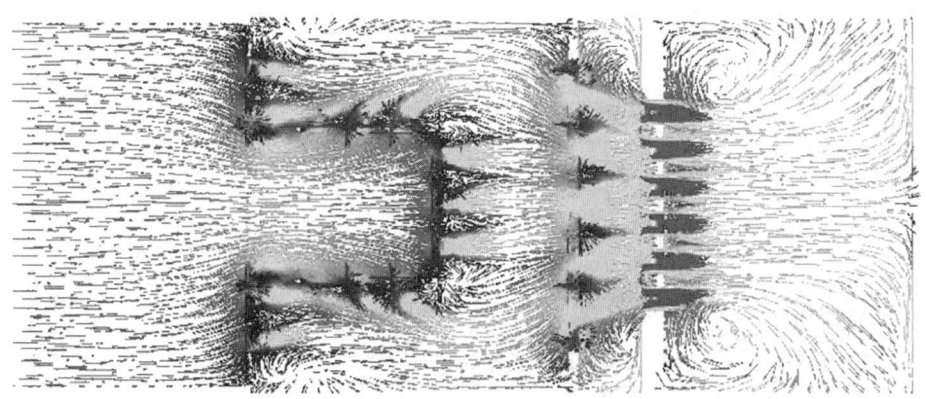

(b)第一层风机轴线水平面流场分布

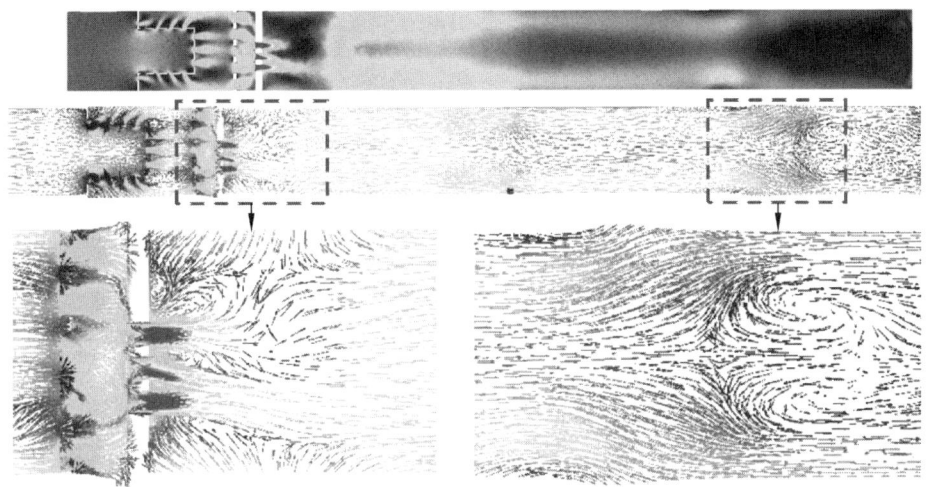

(c)第三层风机轴线水平面流场分布

图3-22 风机轴线水平面及纵剖面流场分布

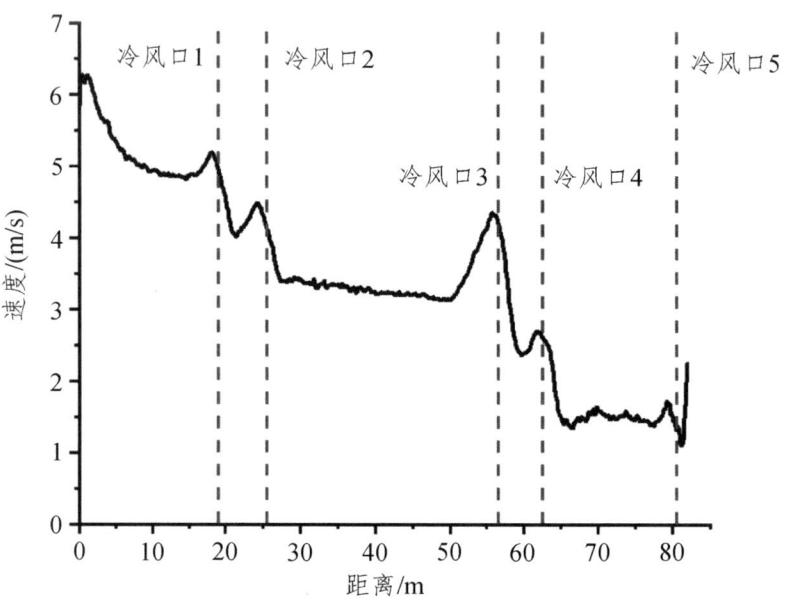

图3-23 冷通道空调冷风口高度处风速沿程变化

2. 压力分布特性

如图3-24、图3-25所示。

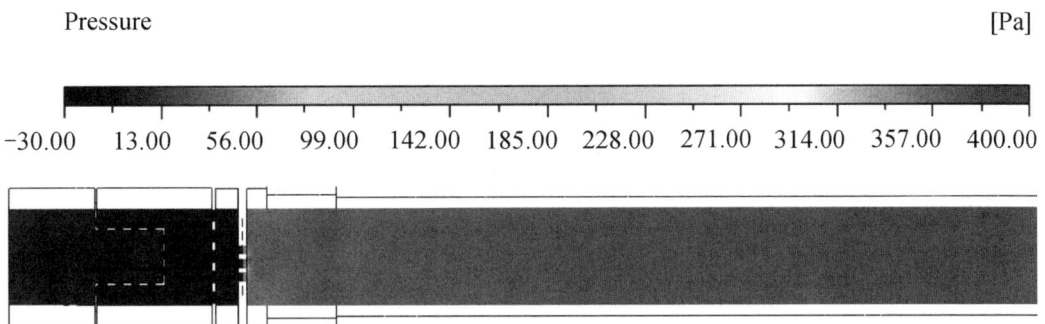

图3-24　第三层风机轴线处水平面压力分布

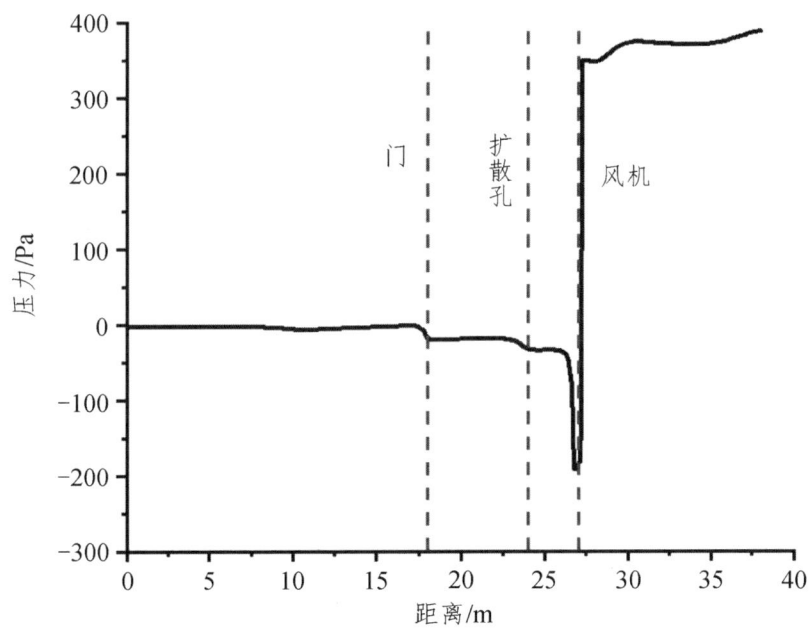

图3-25　进风扩散室沿程压力变化

从风机轴线水平面压力分布图来看，同此前一样，风机前后压力变化明显。从洞库入口至冷通道沿程压力分布来看，该方案与侧送上回方案中压力分布情况略有不同。在扩散门、孔处的压力损失略大，分别约为25 Pa、20 Pa。在风机处，风机所提供的升压力达到380 Pa，与侧送上回方案中风机所提供的升压力无明显区别。

3.2.4.2 热通道

1. 流场分布特性

从水平面流场分布来看，热通道内气流被风机吸入进风扩散室，越靠近风机处风速越大。在靠近风机的一侧热通道，气流过渡较为顺畅；但在远离风机的一侧热通道内，由于距离风机较远，从热通道内出来的气流仍需要经过一定距离才能到达风机处，风机对该侧热通道气流的吸引作用较弱，且受前方壁面的阻挡，风流在此处形成一较大的涡流，该侧热气流排放效率不高。同样在竖井底部，气流仍比较紊乱。在纵剖面上，在两侧热通道之间，同样存在一涡流，同样说明热流从远离风机一侧热通道排入扩散室中较为困难。各流场分布如图3-26、图3-27所示。

第3章 洞库式数据中心气流疏散特性

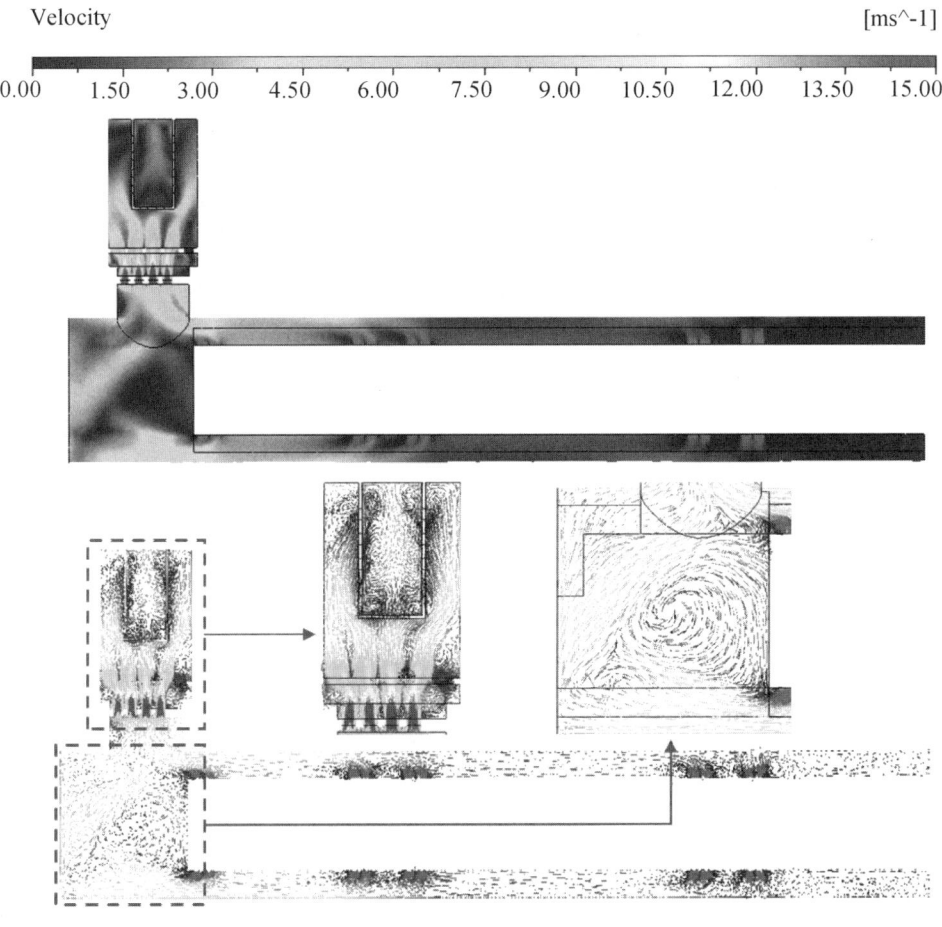

（a）水平面流场分布

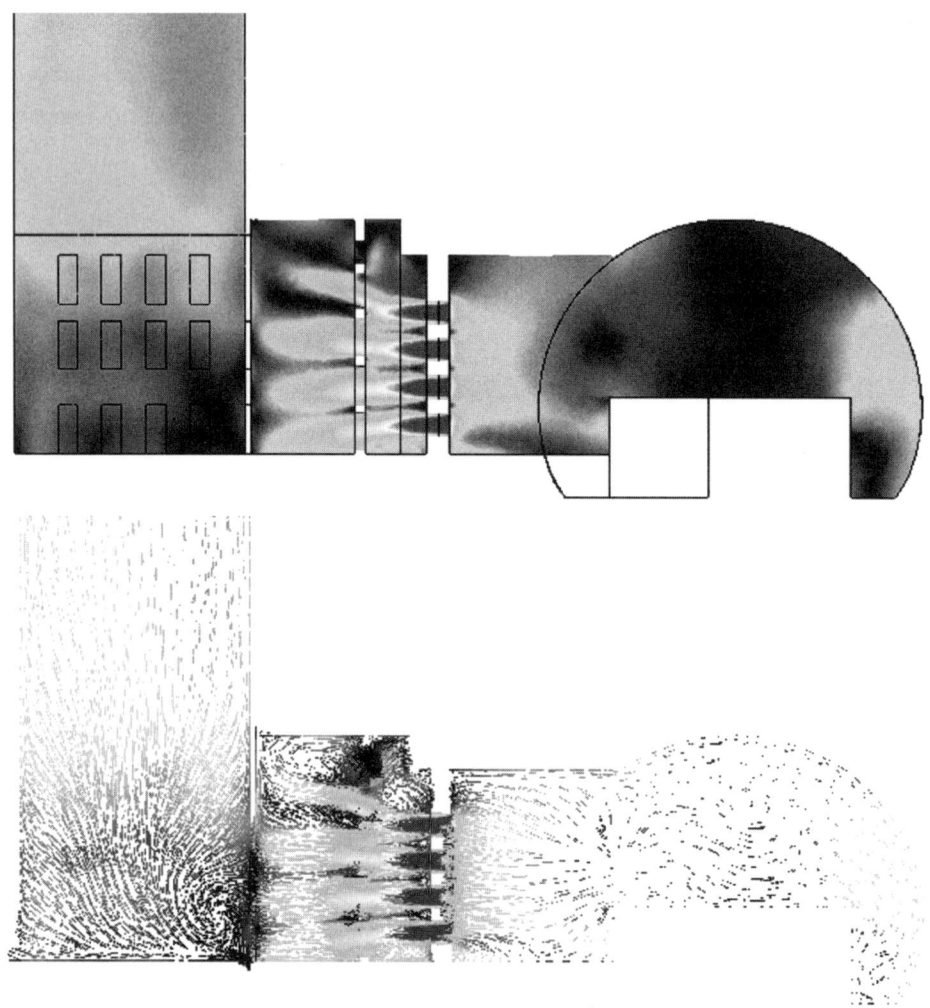

(b)纵剖面流场分布

图3-26 第一层风机轴线水平面及纵剖面流场分布

第3章 洞库式数据中心气流疏散特性

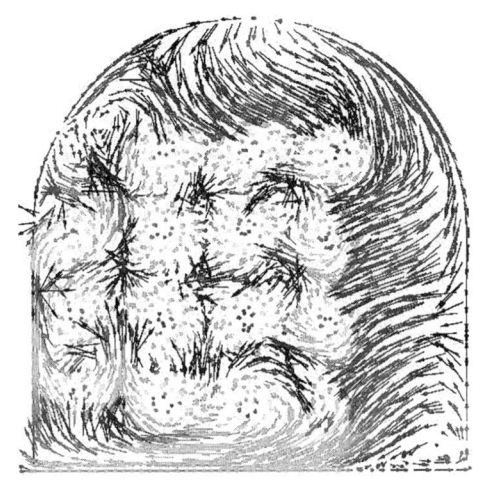

（a）风机前方

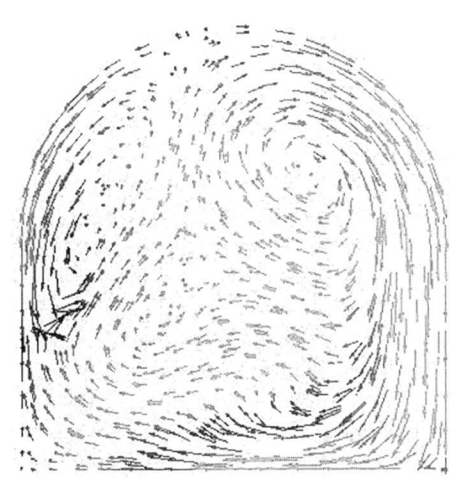

（b）风机后方

图3-27 风机前后方流场分布

2. 压力分布特性

水平面压力分布如图3-28。从图3-29扩散室的压力沿程分布来看，风机后方，压力基本维持在-400 Pa左右，风机加压后压力提升至0 Pa左右，所提供的升压力约为400 Pa，与侧送上回方案热通道相比，所提供的升压力略微升高了10 Pa。在扩散门、孔处，仍存在压力损失，分别约为20 Pa、30 Pa，与侧送上回方案相比无明显区别。

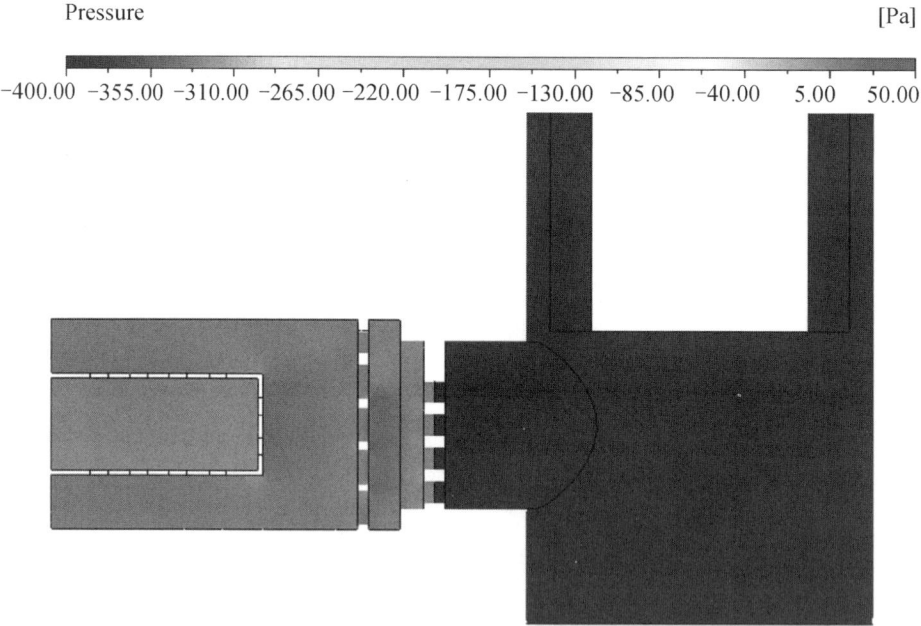

图3-28　风机轴线处水平面压力分布

第3章 洞库式数据中心气流疏散特性

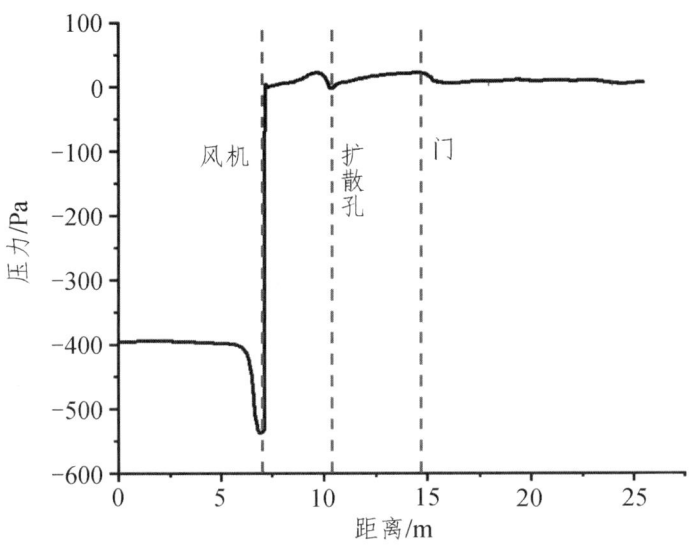

图3-29 出风扩散室压力沿程分布

综合上送侧回方案冷、热通道流场分布特性来看，该方案下主要优缺点如下：首先是由于冷、热通道位置的对换，在冷热通道内，洞库断面无明显的截面突变，该部位气流流动更为顺畅。从风机工作效率来看，该方案下风机所提供的升压力均与侧送上回方案无明显区别。但是该方案下存在其不足之处：一是该方案存在两侧热通道，远离风机的一侧热通道内气流受风机吸引作用较弱，且从该侧热通道内出来的气流需"转弯"经过一定距离才能到达风机处，气流会在此处形成较大涡流，排热效率较低。二是在侧送上回方案下，数据机柜背部通道除作为送风冷通道外，还可能作为检修通道，且该通道内存在较多管线。采用上送侧回方案，该通道作为热通道，长时间处于较高温度状态，工作人员不能长时间停留，可能会对检修工作产生影响；同时长时间高温对各类管线也会造成一定影响。

3.2.5 中送上回气流组织分析

3.2.5.1 流场分布

流场分布如图3-30所示。从纵剖面流场分布图来看，经风机加压后的新风可直接吹入冷通道，但同样受热通道壁面阻挡，风机上方风流流动受限，存在着小涡流。冷通道内，上部空间气流流速大于下部，在尾端两空调冷风口处降至1 m/s左右。图（c）所示在冷通道入口处，受限两侧壁面阻挡，气流在冷通道入口两侧产生较大涡流。该方案下中间通道作为冷通道，两侧受壁面阻挡形成涡流，侧送上回方案两侧作为冷通道的情况下，入口两侧也存在涡流，从气流流动顺畅程度来看，两方案下气流流动情况相差不大。

第3章　洞库式数据中心气流疏散特性

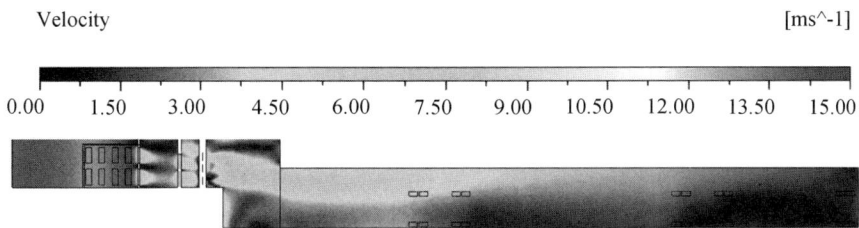

（a）风机轴线纵剖面流场分布

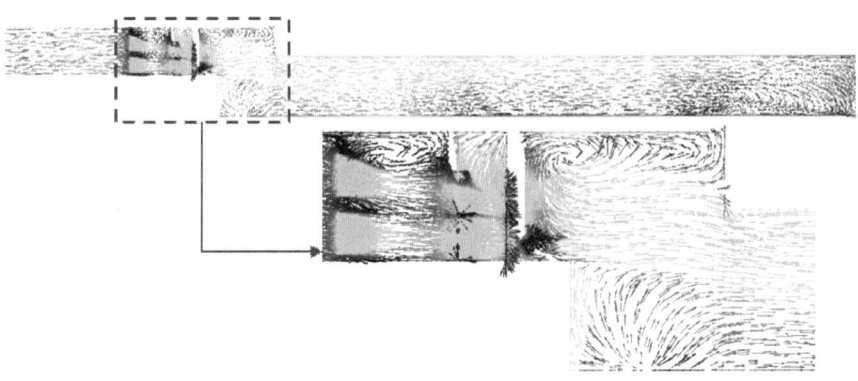

（b）第一层风机轴线水平面流场分布

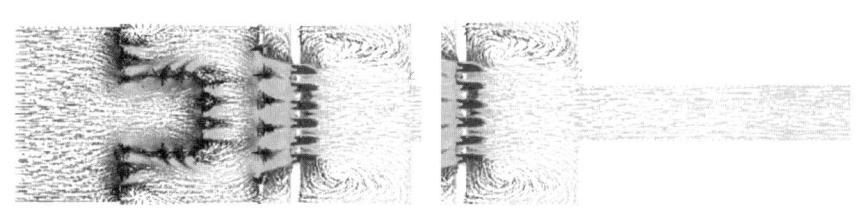

（c）冷通道内水平面流场分布

图3-30　流场分布

3.2.5.2 压力分布

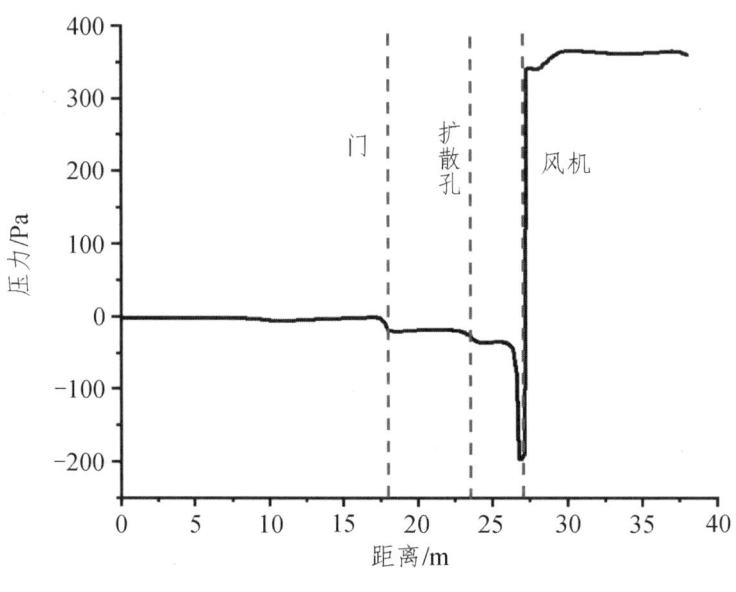

图3-31 进风扩散室沿程压力变化

从图3-31所示进风扩散室沿程压力变化曲线来看，中送上回方案下，扩散门、孔处的压力损失均为20 Pa左右。从风机所能提供的升压力来看，风机所提供的升压力约为380 Pa，与上述两方案无明显差别。总体来看，中送上回方案与侧送上回方案相比气流流动并无明显区别，冷通道均在下部空间，气流需变截面下沉才能进入冷通道，采用该布置方案可根据机柜的安装情况，适当压缩两侧部管线安装空间，增大中部空间。但中送上回方案中，中间作为冷通道后，维护人员的进出，设备的运输都将对冷通道的送风产生影响，可能造成冷通道送风不稳定，降低制冷模块工作效率；同时若制冷需风量过大，将造成中部通道内风速过大。

3.3 冷热通道布局对通风能效影响

根据洞库中心拱形结构断面形式及IT集装箱机柜的布置，洞库数据中心冷热通道宜分开布置，具体可采用侧送上回、上送侧回、中送上回的布置方式。通过模拟研究，结果表明，三种冷、热通道的布置方式及进排风风机设置均能满足洞库数据中心降温通风的要求。三种冷热通道布置下，进、排风机所提供的升压力无明显区别，冷通道内送风机升压力约为380 Pa，热通道内排风风机升压力约为400 Pa，均低于设计值。为了气流扩散需求和运维要求设置的"凹"字形结构引起的不稳定流场，以及风机间流场的相互影响，对风机的升压力产生了较大影响，降低了使用效率。甚至产生风流的转弯碰撞、旋转涡流，流场极不稳定，这将加大风流流动过程的局部阻力损失。

综合以上3个方案数值模拟结果对比可知：从气流流动顺畅情况来看，侧送上回与中送上回方案相比无明显区别，而上送侧回方案由于气流无需变截面下沉，气流流动较为顺畅。从风机所提供的升压力来看，3个方案下风机所提供的升压力基本相同，冷通道内约为380 Pa，热通道内升压力略高，约为400 Pa。从断面使用情况来看：上送侧回方案，侧部通道作为热通道，该通道内各类管线长时间处于较高温度下工作，会对管线工作造成一定影响，同时人员检修也较为困难；中送上回方案，维护人员的进出，设备的运输都将对冷通道的送风产生影响，可能造成冷通道送风不稳定，降低制冷模块工作效率；同时若制冷需风量过大，将造成中部通道内风速过大。侧送上回方案中，冷热通道的布置更为合理，断面利用情况较好，尽管存在截面变化导致气流流动不畅的问题，但可在施工时作截面平顺过渡处理，此外其无明显缺陷，故建议洞库式数据中心冷热通道布设方案可采用侧送上回方案。

3.3.1 侧送上回方案局部阻力系数

为进一步探明扩散室内众多门、孔等局部处对气流流动影响，本节拟对侧送上回方案局部阻力系数进行计算分析。

由于扩散门、孔间距较短，若是单独对各个局部结构阻力系数进

第3章 洞库式数据中心气流疏散特性

行计算，计算结果误差较大，故本研究将对整个进/出风扩散室局部阻力进行研究。取进出风扩散室前、后断面为分析断面，分别为断面A、B，计算得两断面间全压，由于洞库壁面设置为绝对光滑壁面，无沿程压力损失，故两截面全压差均为局部阻力损失，采用局部阻力系数ζ_{AB}的表达式（3-1）可计算得局部阻力系数。以冷通道进风扩散室为例，阻力系数计算断面示意如图3-32。

$$\zeta_{AB}=\frac{P_A-P_B}{\dfrac{\rho v^2}{2}} \qquad (3\text{-}1)$$

式中 P_A，P_B——断面A、B的静压（Pa）；

ρ——空气密度（kg/m³）；

v——空气流速（m/s）。

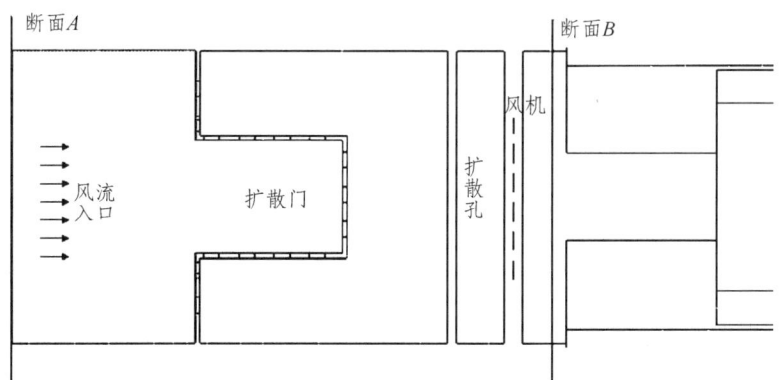

图3-32 冷通道局部进风扩散室阻力计算断面示意

取数值模拟计算结果中各断面全压值,随后借助式(3-1)可计算得各风量下冷、热通道中进/出风扩散室的阻力系数,计算结果见表3-1。

表3-1 不同风量下进/出风扩散室阻力系数表

项目	风量/ ($\times 10^4 m^3/h$)	断面面积 /m^2	密度/ (kg/m^3)	断面A 全压/Pa	断面B 全压/Pa	阻力 系数
冷通道(进风扩散室)	56	75.16	1.04	0.00	-149.67	67.50
	112	75.16	1.04	0.00	-582.40	65.67
	168	75.16	1.04	0.00	-1 299.36	65.11
热通道(出风扩散室)	56	60.83	0.97	139.07	5.41	42.04
	112	60.83	0.97	597.06	24.14	45.05
	168	60.83	0.97	1 350.61	54.70	45.41

从表3-1可知,不同通风量下进/出风扩散室阻力系数基本一致,说明该结果能较为真实地反映冷热通道扩散室内的局部阻力。可以看出在冷、热通道扩散室内的局部阻力系数是比较大的,其中冷通道内阻力系数约为65,热通道内约为45。结合此前扩散室结构布局以及流场分布特性来看:首先是扩散门、孔数量较多,沿高度方向分层布设,扩散门数量的增多则会加剧气流受各扩散门之间的相互影响,在各扩散门间距内的小涡流增多。此外扩散门为保证进风面积采用"凹"字形布设,进一步增大了气流的扰动距离,同时转角数量也随之增多,

而在转角处往往会形成涡流。且在风机处受各风机之间的气流相互影响,在风机处气流损失较大,因此局部阻力系数较大,说明"凹"字形结构造成的压力损失较为严重。

3.3.2 整体压力损失

1. 局部阻力损失

分析断面如图3-33所示,沿程压力变化如图3-34所示。

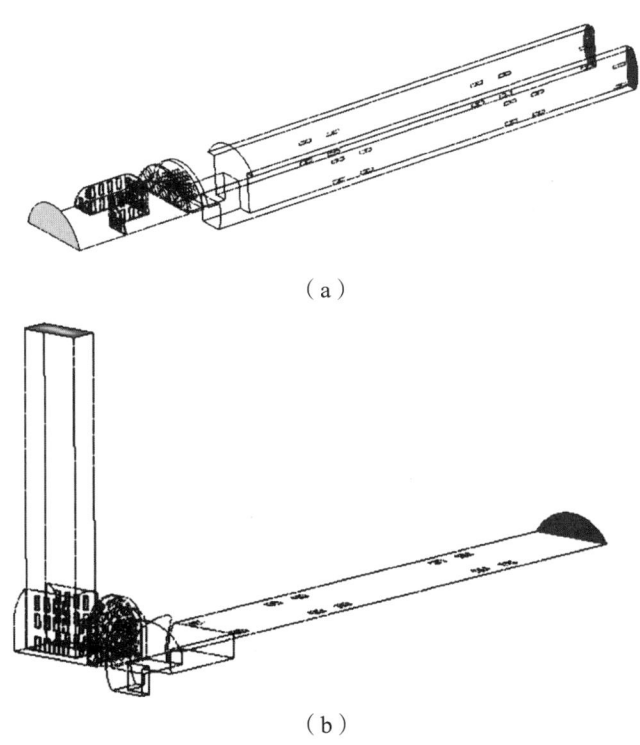

(a)

(b)

图3-33 冷、热通道分析断面选取示意

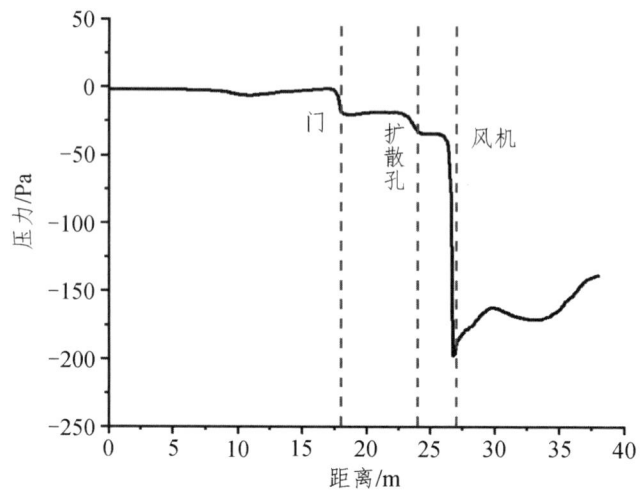

(a) 冷通道进风扩散室沿程压力变化

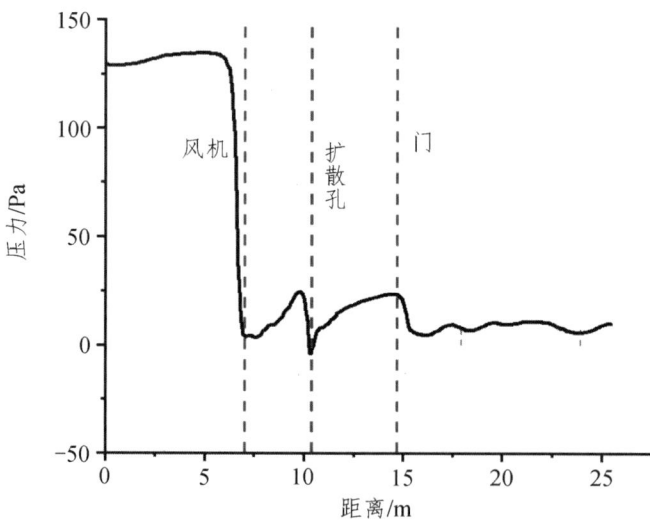

(b) 热通道出风扩散室沿程压力变化

图3-34 冷、热通道扩散室沿程压力变化

为探究冷、热通道内局部阻力损失，在原有模型基础上，对不开启风机情况进行模拟分析，此时风机不提供升压力。从冷、热通道整体结构布局来看，取冷通道室外新风进口断面至冷通道尾部两断面为分析断面，可计算得两断面之间的压力差，即为冷通道整体结构的局部阻力损失。同理，可计算得热通道整体结构局部阻力损失，分析断面示意见上图。冷、热通道内压力损失分别计算得为177.57 Pa、155.74 Pa。

2. 沿程阻力损失

洞库内沿程阻力损失可按照下式计算：

$$\Delta p = \lambda \frac{l}{d} \frac{\rho v^2}{2} (\text{Pa}) \qquad (3\text{-}2)$$

式中　λ——沿程阻力系数，洞库中一般取0.02；

　　　l——洞库长度（m）；

　　　d——洞库当量直径（m）；

　　　ρ——气密度（kg/m³）；

　　　v——气流流速（m/s）。

由于冷、热通道内断面变化较为复杂，当量直径不断变化，但断面变化距离较短，影响较小，因此对于断面变化复杂处进行简化处理。冷热通道内沿程阻力见表3-2。

表3-2 沿程阻力损失表

类型	位置	长度/m	面积/m²	周长/m	当量直径/m	密度/(kg/m³)	速度/(m/s)	沿程阻力/Pa	总阻力/Pa
冷通道	第一段	30.00	75.33	38.12	7.90	1.04	2.07	0.17	5.40
冷通道	第二段	8.10	98.55	47.60	8.28	1.04	1.58	0.03	5.40
冷通道	第三段	82.00×2	21.56×2	20.15×2	4.28	1.04	5.40	2.60×2	5.40
热通道	第一段	82.00	38.35	30.51	5.03	0.96	0.25	2.59	3.60
热通道	第二段	22.00	91.71	27.74	13.22	0.94	3.86	0.05	3.60
热通道	第三段	50.00	43.99	28.79	6.11	0.94	2.18	0.96	3.60

综上可看出，由于数据中心洞库长度较短，因此沿程阻力占比很小，不足4%，数据中心内的压力损失主要为局部阻力损失，侧面表明数据中心的合理结构布局对于降低通风能效至关重要。

第 4 章

洞库式数据中心通风竖井设计

第4章 洞库式数据中心通风竖井设计

4.1 竖井烟囱效应

为探明热通道内竖井烟囱效应对洞库式数据中心通风效果的影响，本节通过烟囱效应的理论计算结果与数值模拟结果对比分析，以便为后续竖井的高效能布设方案提供指导。

4.1.1 烟囱效应及计算方法

由于热通道内温度较高，气流膨胀，密度降低，就使得竖井内3-4空气柱的重力低于数据中心外1-2空气柱重力，使得洞库内外存在压力差，因此在无机械通风措施下，使得气流有从竖井中流出的趋势，这就是竖井的烟囱效应，见图4-1。以上图平面2-3为基准面，两空气柱的压力差H_n可用式（4-1）表示：

$$H_n = P_1 - P_2 = (P_a + \rho_{m1}gz) - (P_a + \rho_{m2}gz) = \rho_{m1}gz - \rho_{m2}gz \qquad (4\text{-}1)$$

式中　P_1，P_2——2点和3点的压力（Pa）；

　　　ρ_{m1}，ρ_{m2}——1-2空气柱和4-3空气柱的平均密度（kg/m³）；

　　　P_a——4点的大气压力（Pa）；

　　　z——竖井高差（m）。

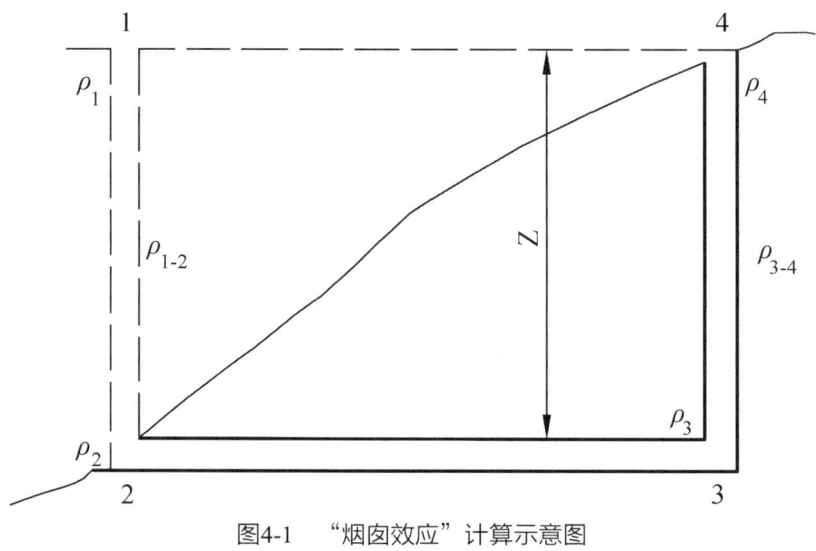

图4-1　"烟囱效应"计算示意图

4.1.2　理论计算

若想求得两空气柱压力差大小，则需要两空气柱的平均密度。洞库外空气柱平均密度为大气密度，竖井内空气柱密度可根据《矿井气

第4章 洞库式数据中心通风竖井设计

候》中，围岩与风流之间传热的相互影响计算公式，到达竖井处的风流温度的升高（降低）值可用式（4-2）计算，随后借助式（4-3）计算出密度值。

$$t_z = t_u - (t_u - t_0)e^{-\frac{U\lambda K(\alpha)Z}{mc_p r_0}} \tag{4-2}$$

$$\rho = (0.003\ 458 \sim 0.003\ 473)\frac{P}{T} \tag{4-3}$$

式中 t_z——长度为 Z m 的终点的风流温度（℃）；

t_u——洞库内围岩的温度（℃）；

t_0——气流的起始点温度（℃）；

U——洞库周长（m）；

λ——围岩的导热系数［W/(m·K)］；

$K(\alpha)$——通风时间系数，查表可得；

m——重力风量（kg/s）；

r_0——洞库当量半径（m）。

洞库外空气柱平均密度 ρ_{m1} 计算中，以贵阳市年平均气温15.3 ℃，气压88 kPa代入式（4-3）计算得：

$$\rho_{m1} = 0.003\ 465 \times \frac{88\ 000}{288.45} = 1.057\ 1 (\text{kg/m}^3)$$

竖井内空气柱平均密度ρ_{m2}计算中,根据通风时间的不同,通风系数$K(\alpha)$也随之不同,因此分别计算了通风1个月、1年、5年、10年时间,比较不同通风时间下的烟囱效应大小。在竖井内部高度方向每间隔10 m作为一数据点,取各点位处平均密度作为竖井内平均密度,各位置处密度及压力差见表4-1。

表4-1 "烟囱效应"升压力表

通风时间	Z=2 m	Z=12 m	Z=22 m	Z=32 m	Z=42 m	Z=52 m	ρ_{m1}	ρ_{m2}	压力差/Pa
1个月	0.967 83	0.967 93	0.968 03	0.968 12	0.968 22	0.968 32	1.057 1	0.968 08	43.62
1年	0.967 51	0.967 57	0.967 63	0.967 68	0.967 74	0.967 80	1.057 1	0.967 66	43.83
5年	0.967 43	0.967 48	0.967 53	0.967 57	0.967 62	0.967 67	1.057 1	0.967 55	43.88
10年	0.967 31	0.967 34	0.967 37	0.967 41	0.967 44	0.967 48	1.057 1	0.967 39	43.96

4.1.3 数值模拟

热通道密度和温度分布云图如图4-2、图4-3。

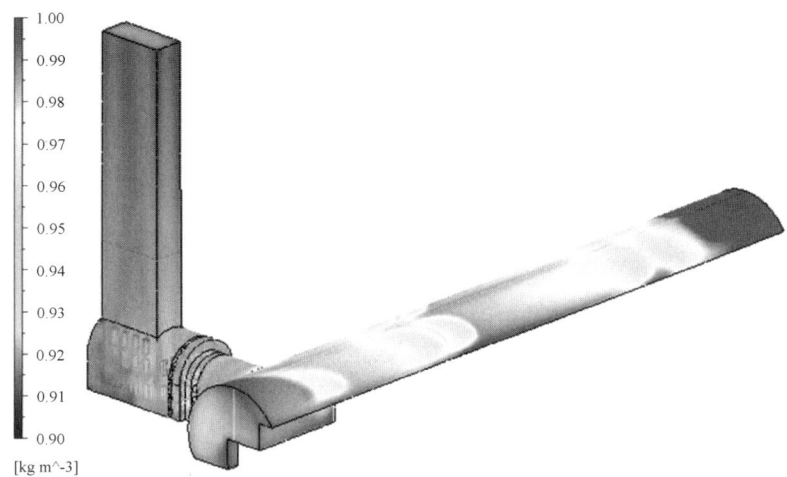

图4-2　热通道密度分布云图

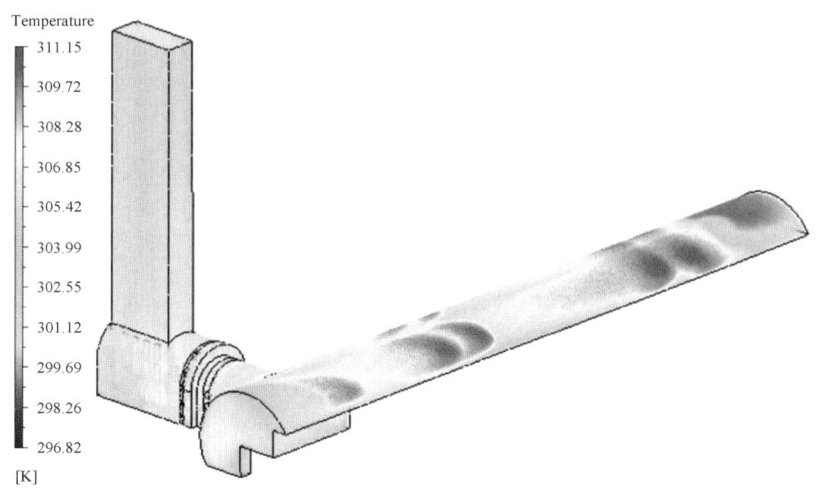

图4-3　热通道温度分布云图

洞库式数据中心高效通风设计关键技术

从空调模块热风口进入热通道的热风受风机吸引，均朝着竖井处流动，热通道尾部气流温度低，因此存在小部分区域密度较高。在壁面换热作用下，气流从进口至竖井出口温度沿程下降，密度逐渐升高。

竖井内空气柱平均密度ρ_{m2}为在竖井内部高度方向每间隔10 m作为一数据面，取各高度处平均密度作为竖井内平均密度。竖井内各高度处气流温度及密度云图如表4-2分析。

表4-2　热通道内温度及密度三维云图表

高度	温度云图	密度云图
Z=2 m（竖井底部）		

续表

高度	温度云图	密度云图
Z=12 m		
Z=22 m		
Z=32 m		

续表

高度	温度云图	密度云图
Z=42 m		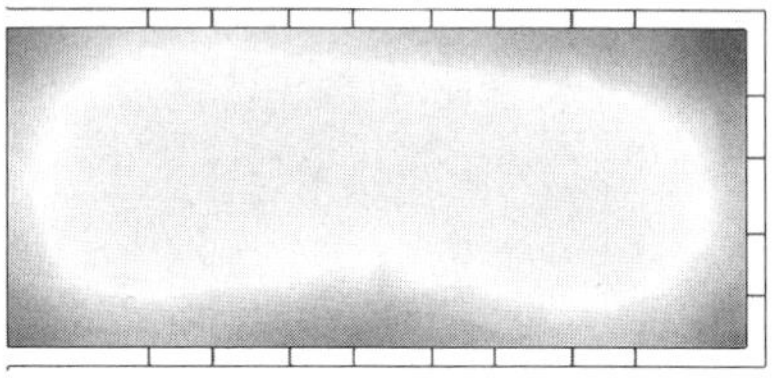
Z=52 m（竖井顶部）		

从上图可看出，在沿竖井高度方向上，随着对流换热距离的不断增大，从竖井底部至顶部温度沿程下降，密度逐渐升高。竖井各高度位置下密度及"烟囱效应"压力差见表4-3。

第4章 洞库式数据中心通风竖井设计

表4-3 竖井各高度位置下密度及"烟囱效应"压力差

项目	Z=2 m	Z=12 m	Z=22 m	Z=32 m	Z=42 m	Z=52 m	ρ_{m1}	ρ_{m2}	压力差/Pa
密度/(kg/m³)	0.987 3	0.985 4	0.985 4	0.986 5	0.987 6	0.988 5	1.057 1	0.986 8	34.45

综合来看,理论计算中不同时间下的烟囱效应所提供升压力约为44 Pa,数值模拟中烟囱效应导致的升压力约为34 Pa,两者之间相差不大两者之间存在一定差异,产生差值的原因是理论计算与在数值模拟软件采用的计算密度公式存在差异。

在数值模拟软件Fluent中,对于不可压缩理想气体,其内在密度计算公式采用理想气体定律:

$$\rho = \frac{PM}{1\,000KR} \text{ (kg/m}^3\text{)}$$

式中 P——设置压力(Pa);

M——流体分子摩尔质量,空气取29;

K——设置温度(K);

R——气体常数，8.314 J/(mol·K)。

代入 R 及 M 上式可变化为：

$$\rho = 0.003\,114 \times \frac{P}{K} \quad (\text{kg/m}^3)$$

该系数值0.003 114与理论计算中 $\rho = (0.003\,458 \sim 0.003\,473)\frac{P}{T}$ 的系数值相比略有不同。此外数据中心截面变化较为复杂，理论计算中难以准确求得换热面积，这也是影响其差异的原因之一。

在目前结构布局下，由于局部障碍物众多，压力损失较大，由此前2.3.4节中局部阻力与沿程阻力计算来看，冷、热通道的总体阻力损失一般为160～180 Pa，而竖井的烟囱效应所能提供的升压力为40 Pa左右，"烟囱效应"具有一定通风能效作用，若不开启风机情况下，能克服洞库内总阻力的20%左右，具有一定的通风能效，仅依靠竖井"烟囱效应"提供的升压力不能克服数据中心内阻力。按数据中心当前单侧洞室设计风量 $56 \times 10^4 \text{ m}^3/\text{h}$ 来计算，设置竖井能降低风机功率44.4 kW，每年节约电能38.93万千瓦·时。

4.2 竖井交叉口结构受力分析

洞库式数据中心安全等级较高，一般设置于山体内，由于IT设备大多采用集装箱式装配化布设，洞库式数据中心主洞断面面积一般较大，跨径往往在20 m左右，因此超大断面的主洞与通风竖井连接处的交叉口受力状态是较为复杂的。由于断面复杂、通道纵横，洞库式数据中心施工一般采用钻爆法，交叉口处的施工风险远大于常规段，因此对洞库式数据中心主洞与通风竖井连接处受力状态的研究至关重要。

洞库式数据中心通风竖井断面往往较大，且人防需求较高，为便于竖井与主洞连接及人防设施的布设，通风竖井与主洞之间一般采用横洞进行相连，布设形式如图4-4所示。

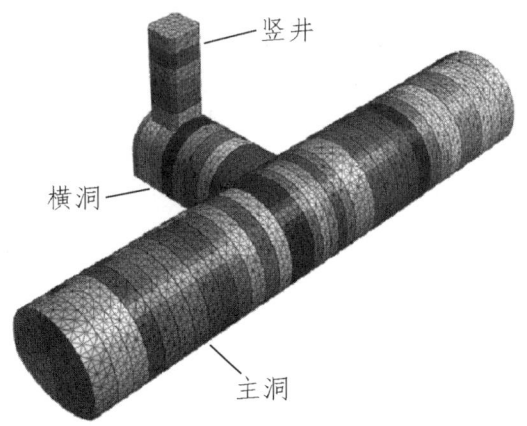

图4-4 竖井及横洞与主洞的空间位置

下面以一个洞库式数据中心IT隧洞竖井交叉口为例，来研究洞库式数据中心主洞与通风竖井连接处施工过程的受力状态。

4.2.1 计算软件简介

本计算采用有限单元法，利用MIDAS/GTS NX软件，该软件是由韩国MIDAS公司制作开发的一种专门用于地下工程的通用大型有限元分析软件，该公司还拥有FEA、Civil、Gen等一系列与土木工程相关的有限元分析软件，并应用到5 000多个实际项目中。其中最具有代表性的有世界最高建筑物阿联酋Burj Dubai Tower、世界跨度最大的斜拉桥——中国苏通大桥以及2008年北京奥运会体育场馆、韩日世界杯体育场馆等。

通常结构分析与岩土分析有很大差异。结构分析通常重视荷载的不确定性因此，在分析时会施加各种荷载，然后对各种组合的结果进行分析，最终选取组合中最不利的结果进行设计。岩土分析则重视施工阶段和材料自身的不确定性，因此确定岩土的物理力学性质显得尤其重要。在岩土分析中应尽可能地采用实体单元来模拟围岩的受力状态（自应力和构造力），并且施工阶段应依据实际工程开挖步骤模拟，由此可以得到较为真实的结果，例如本计算分析需要模拟连拱隧道的施工工序，并对比不同开挖方法的受力特征。Midas/GTS不仅拥有岩土分析的所有基本分析功能,而且还为用户提供具有最新理论的强大分析功能,是岩土工程分析和设计的最佳的解决途径。软件不仅支持线性/非线性静力分析和动态分析、渗流和固结分析、施工阶段分析等多种分析类型,而且还可以进行渗流-应力耦合、应力-边坡耦合、渗流-边坡耦合、非线性动力分析-边坡耦合分析,广泛适用于地铁、隧道、边坡、基坑等各种实际工程的准确建模与分析,并提供了多种专业化建模助手和数据库。

4.2.2 计算理论依据

数值模型计算之前首先要确定好基本变量、基本方程、求解域以及边界约束。有限元法是把连续体的整个求解域划分成若干个简单的求解单元,单元之间通过节点连接成组合体。假设每个单元内的近似函数来求解分片求解域的未知场变量,该函数由在单元各个结点上的数值和与其对应的插值函数表达。原问题利用变分原理或者加权余量法建立有限元的求解方程,然后把建立的代数方程组或者常微分方程转换成规范化的矩阵形式再利用数值方法即可求解。有限元法不仅能够很好地适应于复杂几何构形中,还可以运用于解决各种物理问题。因其具有严格的理论基础,所以能够在计算机上实现高效的计算。

目前的工程数值分析就是在基本理论知识的基础上建立简便的物理模型来模拟复杂工程问题，然后将其转化为数学问题进行求解。有限元软件数值分析是建立在连续介质力学的基础上的，依据连续介质体模型将岩土材料看作多相体分析。

4.2.2.1 有限元的基本方程与边界条件

有限元法的基本思想是将一个连续的求解域离散化为有限个单元，并在每个单元上设定有限个节点，将连续体看作由有限个单元通过节点相互连接而构成的整体。对于物体的整体平衡条件，可以采用力平衡方程进行描述。对于物体的局部平衡条件，可以通过将力的平衡方程与位移协调条件、物理方程一起构成有限元法的三个基本方程，即有限元的物理方程。在有限元的物理方程中，有限元的每一个节点都有一个对应的位移分量，这些位移分量构成了该节点的位移向量。在有限元的物理方程中，每个节点的内力向量与外力向量之差等于零，即该节点的力平衡方程。

应力张量σ_{ij}和应变张量ε_{ij}，在直角坐标系x_1、x_2、x_3中均是对称的二阶张量，所以有$\sigma_{ij}=\sigma_{ji}$和$\varepsilon_{ij}=\varepsilon_{ji}$。而位移张量$u_i$、体积张量$f_i$和面积力张量$T_i$均是一阶张量。下面分别给出有限元法的基本方程与边界条件的张量形式及其展开式。

1. 平衡方程

$$\begin{cases} n = \dfrac{P_p}{P_s} = 0 \\ \sigma_{ij,j} + \overline{f}_s = 0 \end{cases} \tag{4-4}$$

式中下标"i、j"表示对独立坐标x,求偏导。其展开形式为:

$$\begin{cases} \dfrac{\partial \sigma_{11}}{\partial x_1} + \dfrac{\partial \sigma_{12}}{\partial x_2} + \dfrac{\partial \sigma_{13}}{\partial x_3} + \overline{f}_1 = 0 \\ \dfrac{\partial \sigma_{21}}{\partial x_1} + \dfrac{\partial \sigma_{22}}{\partial x_2} + \dfrac{\partial \sigma_{23}}{\partial x_3} + \overline{f}_2 = 0 \\ \dfrac{\partial \sigma_{31}}{\partial x_1} + \dfrac{\partial \sigma_{32}}{\partial x_2} + \dfrac{\partial \sigma_{33}}{\partial x_3} + \overline{f}_3 = 0 \end{cases} \tag{4-5}$$

当x_1、x_2、x_3为笛卡儿坐标,则有:

$$\sigma_{11} = \sigma_x ; \quad \sigma_{22} = \sigma_y ; \quad \sigma_{33} = \sigma_z$$

$$\sigma_{12} = \sigma_{21} = \tau_{xy} ; \quad \sigma_{23} = \sigma_{32} = \tau_{yz} ; \quad \sigma_{13} = \sigma_{31} = \tau_{xz}$$

2. 几何方程

$$\varepsilon_{ij} = \frac{1}{2}(u_{ij} + u_{j,i}) \tag{4-6}$$

其展开式为：

$$\begin{cases} \varepsilon_{11} = \dfrac{\partial u_1}{\partial x_1} \\ \varepsilon_{22} = \dfrac{\partial u_2}{\partial x_2} \\ \varepsilon_{33} = \dfrac{\partial u_3}{\partial x_3} \\ \varepsilon_{12} = \dfrac{1}{2}\left(\dfrac{\partial u_1}{\partial x_2} + \dfrac{\partial u_2}{\partial x_1}\right) = \varepsilon_{21} \\ \varepsilon_{23} = \dfrac{1}{2}\left(\dfrac{\partial u_2}{\partial x_3} + \dfrac{\partial u_3}{\partial x_2}\right) = \varepsilon_{32} \\ \varepsilon_{31} = \dfrac{1}{2}\left(\dfrac{\partial u_3}{\partial x_1} + \dfrac{\partial u_1}{\partial x_3}\right) = \varepsilon_{13} \end{cases} \quad (4\text{-}7)$$

当 x_1、x_2、x_3 为笛卡儿坐标，则有：

$$\varepsilon_{11} = \varepsilon_x；\quad \varepsilon_{22} = \varepsilon_y；\quad \varepsilon_{33} = \varepsilon_z$$

$$\varepsilon_{12} = \dfrac{1}{2}\gamma_{xy}；\quad \varepsilon_{23} = \dfrac{1}{2}\gamma_{yz}；\quad \varepsilon_{31} = \dfrac{1}{2}\gamma_{xz}$$

3. 物理方程

从广义胡克定律出发，每个应力应变分量都是相对应的成比例。用张量符号可以将其表示为：

$$\sigma_{ij} = D_{ijkl}\varepsilon_{kl} \qquad (4\text{-}8)$$

共有81个比例常数是四阶张量D_{ijkl}。由于应力张量和应变张量均是对称的,所以前两个指标和后两个指标也均是对称的,即:

$$D_{ijkl} = D_{jikl} \qquad (4\text{-}9)$$

由上面所提到的对称性可知,对于每个方向的弹性性质都不一样的普通线弹性体在所有比例常数中,有21个是独立的。对于各向同性的线弹性材料,只有Lame constant G和λ或者弹性模量E和泊松比υ两个独立的弹性常数,则比例张量可以化简成下式:

$$D_{ijkl} = 2G\delta_{ik}\delta_{jl} + \lambda\delta_{ij}\delta_{kl} \qquad (4\text{-}10)$$

此时广义胡克定律可用下式表示:

$$\sigma_{ij} = 2G\varepsilon_{ij} + \lambda\delta_{ij}\varepsilon_{kk} \qquad (4\text{-}11)$$

其中

$$\varepsilon_{ij} = \begin{cases} 1 & (\text{当}i \neq j) \\ 0 & (\text{当}i = j) \end{cases}$$

此时胡克定律的展开式为：

$$\begin{cases} \sigma_{11} = 2G\varepsilon_{11} + \lambda(\varepsilon_{11} + \varepsilon_{22} + \varepsilon_{33}) \\ \sigma_{22} = 2G\varepsilon_{22} + \lambda(\varepsilon_{11} + \varepsilon_{22} + \varepsilon_{33}) \\ \sigma_{33} = 2G\varepsilon_{33} + \lambda(\varepsilon_{11} + \varepsilon_{22} + \varepsilon_{33}) \\ \sigma_{12} = 2G\varepsilon_{12} \\ \sigma_{23} = 2G\varepsilon_{23} \\ \sigma_{31} = 2G\varepsilon_{31} \end{cases} \quad (4\text{-}12)$$

4. 力的边界条件

$$T_i = \overline{T}_i \quad (4\text{-}13)$$

其中

$$T_i = \sigma_{ij} n_j$$

式中　n_j——边界外法线n的3个方向余弦。

5. 位移边界条件

$$u_i = \overline{u}_i \quad (4\text{-}14)$$

6. 单位体积应变能

$$U(\varepsilon_{mn}) = \frac{1}{2} D_{ijkl} \varepsilon_{ij} \varepsilon_{kl} \quad (4\text{-}15)$$

4.2.2.2 本构模型的选取

分析岩土体的变形特性需要选取能够正确反映岩体变形特性的本构模型。如果选择的本构模型不能够反映岩体的应力应变关系，则不能正确地分析围岩开挖的变形特性，且一切的分析结果都是错误的。所以，正确的岩土体变形分析建立在合适的本构模型上。岩体的本构模型是指岩体的应力-应变-强度关系，本构方程就是它们的数学表达式。岩体的应力-应变关系可分为弹性、弹塑性和黏弹性三种。本章分析模型所选用的材料假设为弹塑性材料，在建模过程中，为了简化模型，MIDAS/GTS隧道施工变形特性一般采用莫尔-库仑模型。

1900年，莫尔提出了强度公式$\tau_f = f(\sigma)$，极限剪应力仅与同一平面上的正应力σ相关，与平面所处的位移无关。强度公式$f(\sigma)$，表示的是莫尔圆的破坏包线，通过室内试验可以得到强度曲线。当材料的最大应力莫尔圆相切与材料的强度曲线时，则认为材料破坏，如下式：

$$\tau_n = c + \sigma_n \tan\varphi \tag{4-16}$$

式中 τ_n——极限抗剪强度；

σ_n——剪切面上的法向应力（受拉为正）；

c——黏聚力；

φ——内摩擦角。

由莫尔强度公式可知，莫尔破坏准则没有考虑第二主应力 $\sigma_2(\sigma_1 \geqslant \sigma_2 \geqslant \sigma_3)$ 对破坏的影响，莫尔-库仑破坏的一般准则为：

$$|\tau| = c + \sigma \tan\varphi \tag{4-17}$$

以下是用主应力 $(\sigma_1 \geqslant \sigma_2 \geqslant \sigma_3)$ 表达的莫尔-库仑准则：

$$\sigma_1 \frac{(1-\sin\varphi)}{2c\cos\varphi} - \sigma_3 \frac{(1+\sin\varphi)}{2c\cos\varphi} = 1 \tag{4-18}$$

将应力不变量 I_1，J_1 以及 θ_0 代入上式：

$$\begin{aligned}
f(I_1, J_2, \theta_0) &= -\frac{1}{3}I_1 \sin\varphi + \sqrt{J_2}\sin\left(\theta_0 + \frac{\pi}{3}\right) - \frac{1}{\sqrt{3}}\sqrt{J_2}\cos\left(\theta_0 + \frac{\pi}{3}\right)\sin\varphi - c\cos\varphi \\
&= -I_1 \sin\varphi + \left[\frac{3(1+\sin\varphi)\sin\theta_0 + \sqrt{3}(3-\sin\varphi)\cos\theta_0}{2}\right]\sqrt{J_2} - 3c\cos\varphi \\
&= 0
\end{aligned} \tag{4-19}$$

用不变量 ξ，ρ 以及 θ_0 表达：

$$\begin{aligned} f(\xi,\rho,\theta_0) &= -\sqrt{2}\xi\sin\varphi + \sqrt{3}\rho\sin\left(\theta_0+\frac{\pi}{3}\right) - \rho\cos\left(\theta_0+\frac{\pi}{3}\right)\sin\varphi - \sqrt{6}c\cos\varphi \\ &= \sqrt{J_2} - \frac{\frac{1}{3}I_1\sin\varphi + c\cos\varphi}{\left(\cos\varphi + \frac{1}{\sqrt{3}}\sin\theta\sin\varphi\right)} \\ &= 0 \end{aligned}$$

（4-20）

在主应力空间上，莫尔-库仑是不规则的六角锥形，子午线是直线，在π平面($\sigma_1+\sigma_2+\sigma_3=0$)上的屈服曲线是不规则的六角形。利用$\rho_{t0}$和$\rho_{c0}$的长度绘制不规则六角锥形，将($\xi=0,\rho=\rho_{t0},\theta_0=60°$)和($\xi=0,\rho=\rho_{t0},\theta_0=0°$)分别代入下式：

$$\frac{\sigma_1-\sigma_3}{2} = \frac{1}{\sqrt{3}}\sqrt{J_2}\left[\cos\theta_0 - \cos\left(\theta_0+\frac{2}{3}\pi\right)\right] = k \quad (4-21)$$

可得：

$$\rho_{t0} = \frac{2\sqrt{6}c\cos\varphi}{3+\sin\varphi} \quad (4-22)$$

$$\rho_{c0} = \frac{2\sqrt{6}c\cos\varphi}{3-\sin\varphi} \quad (4-23)$$

有上面两个结果可得：

$$\frac{\rho_{t0}}{\rho_{c0}} = \frac{3-\sin\varphi}{3+\sin\varphi} \qquad (4\text{-}24)$$

莫尔-库仑破坏面上的屈服曲线在几何形状上相似，所以任意的 π 平面上（即 I_1 或者 ξ 不同）的 ρ_t/ρ_c 比值将是常量。

$$\frac{\rho_t}{\rho_c} = \frac{\rho_{t0}}{\rho_{c0}} = \frac{3-\sin\varphi}{3+\sin\varphi} \qquad (4\text{-}25)$$

在实用的约束力范围内，莫尔-库仑准则具有较高的准确性，并且因其简单实用的特点，目前被广泛运用于岩土体分析中。

4.2.3 模型建立

IT隧道交叉口的数值计算模型如图4-5所示，考虑了隧道开挖的影响范围，设置模型的尺寸为133 m（长）× 100 m（宽）× 89.7 m（高）。计算模型采用地层-结构模型，岩体为中风化白云岩，采用实体单元，隧道初支和二衬采用析取板单元，管棚采用植入式梁单元模拟。模型上表面为自由边界，模型前后侧，左右侧施加水平约束，底部施加水平和竖向约束。

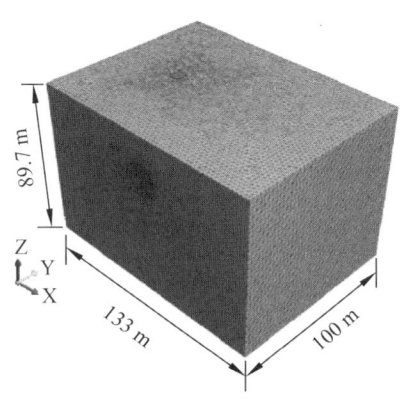

图4-5 IT隧道交叉口三维模型

主洞施工采用CD法开挖主洞，主洞左侧先行施工，在交叉口处，采用锁脚锚杆+临时钢拱架+管棚作为施工前支护，每次施工进尺为2 m。

岩体和支护结构的力学参数如表4-4所示。

表4-4 岩体及支护结构力学参数

类别	容重/(kN·m⁻³)	弹性模量/MPa	泊松比	黏聚力/kPa	摩擦角/(°)
岩体	25.0	1 250	0.42	200	46
二衬	23.0	31 500	0.20	—	—
喷混	23.0	23 000	0.20	—	—
临时支撑拱架	78.5	210 000	0.20	—	—
管棚	78.0	210 000	0.30	—	—

4.2.4 施工工序

洞库式数据中心主洞与通风竖井连接处施工工序如表4-5所示。

第4章 洞库式数据中心通风竖井设计

表4-5 洞库式数据中心主洞与通风竖井连接处施工工序

施工顺序	施工内容	示意图
第1步	1. 开挖主洞，施作主洞初期支护与临时导坑支护。 2. 对交叉口侧与横洞交叉的钢拱架逐榀施作锁脚锚杆	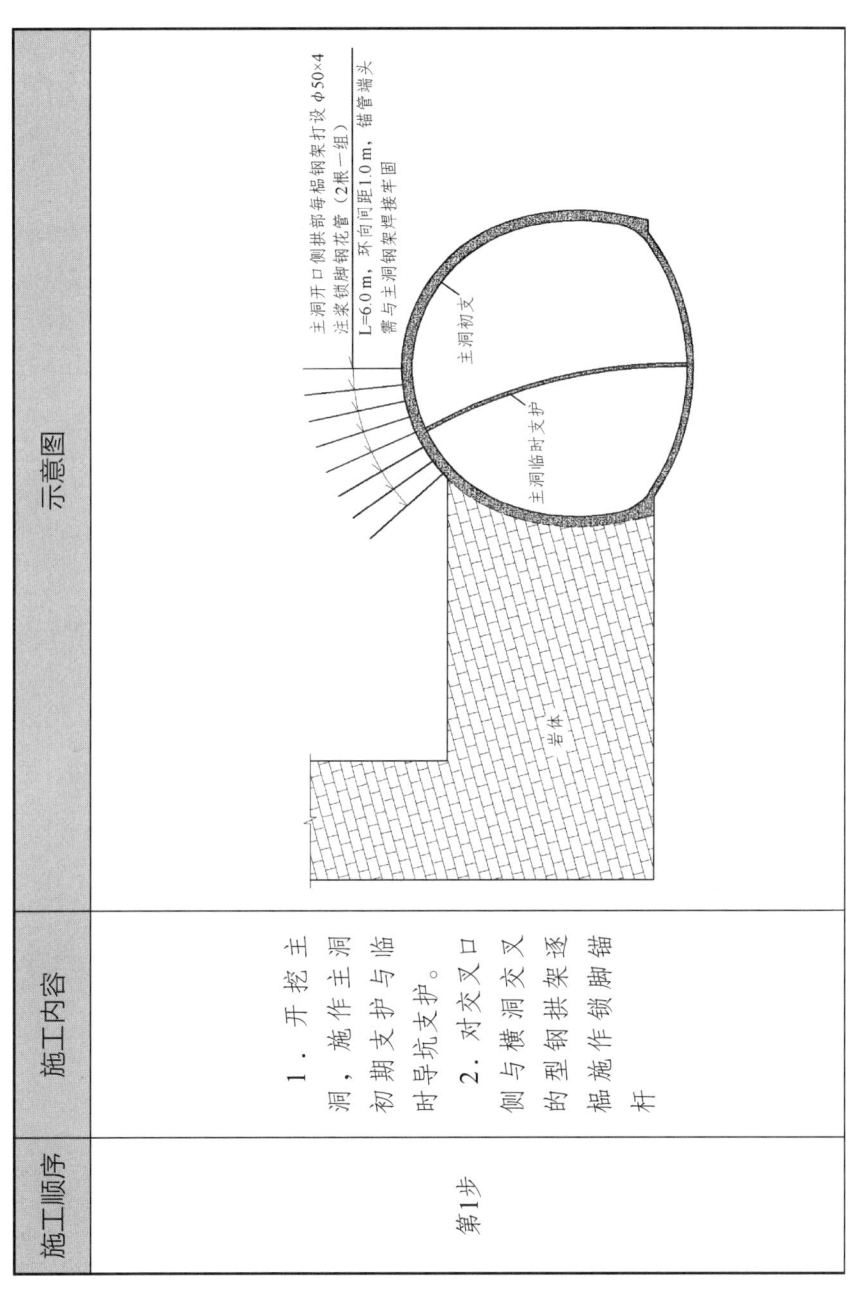

171

施工顺序	施工内容	示意图
第2步	1. 对横洞开口处,施作4榀临时钢拱架。 2. 利用临时钢拱架作为支撑向横洞方向施作大管棚	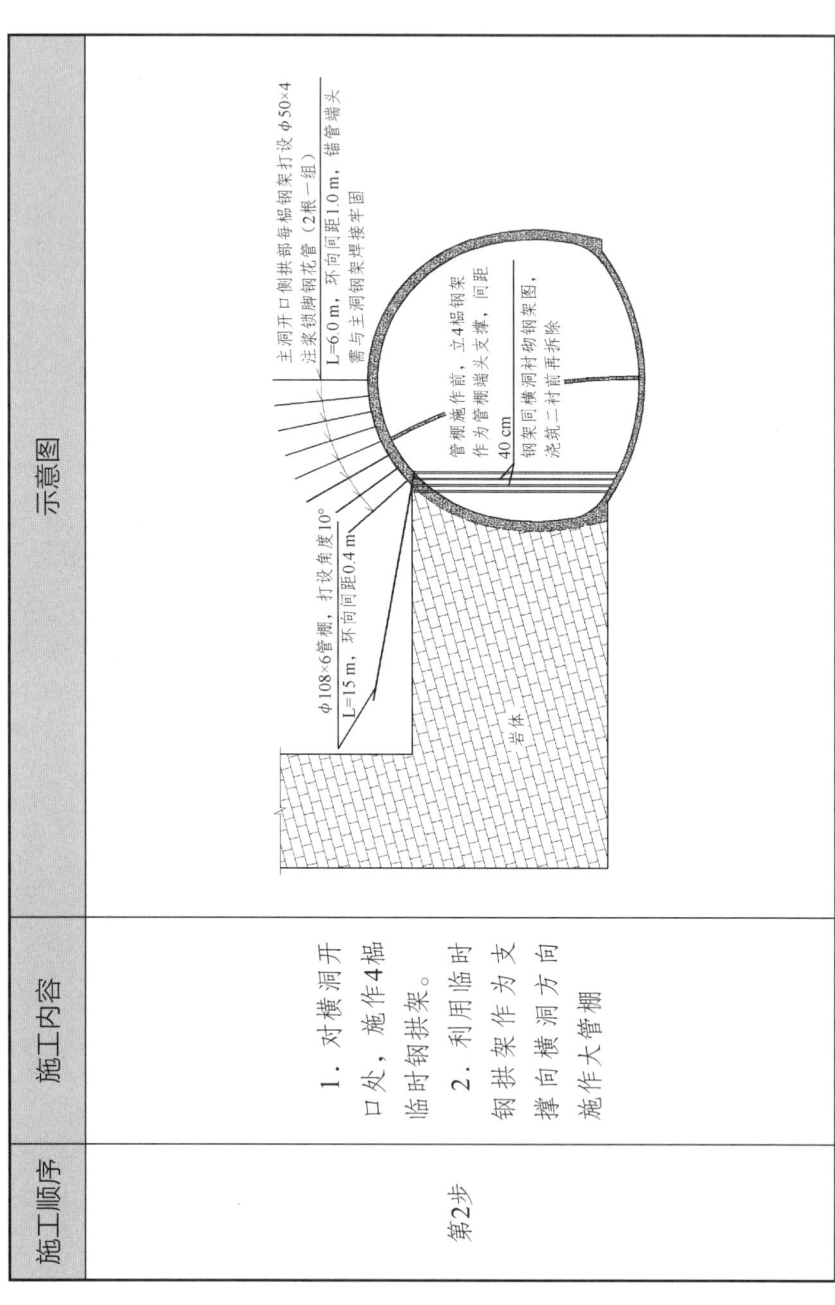

续表

续表

施工顺序	施工内容	示意图
第3步	1. 施作横洞超前支护，向横洞方向开挖2~3 m，并及时施作横洞初期支护。 2. 横洞开挖过程应逐榀开挖逐榀支护。 3. 施工过程应对主洞交叉口处附近衬砌加强监控量测工作	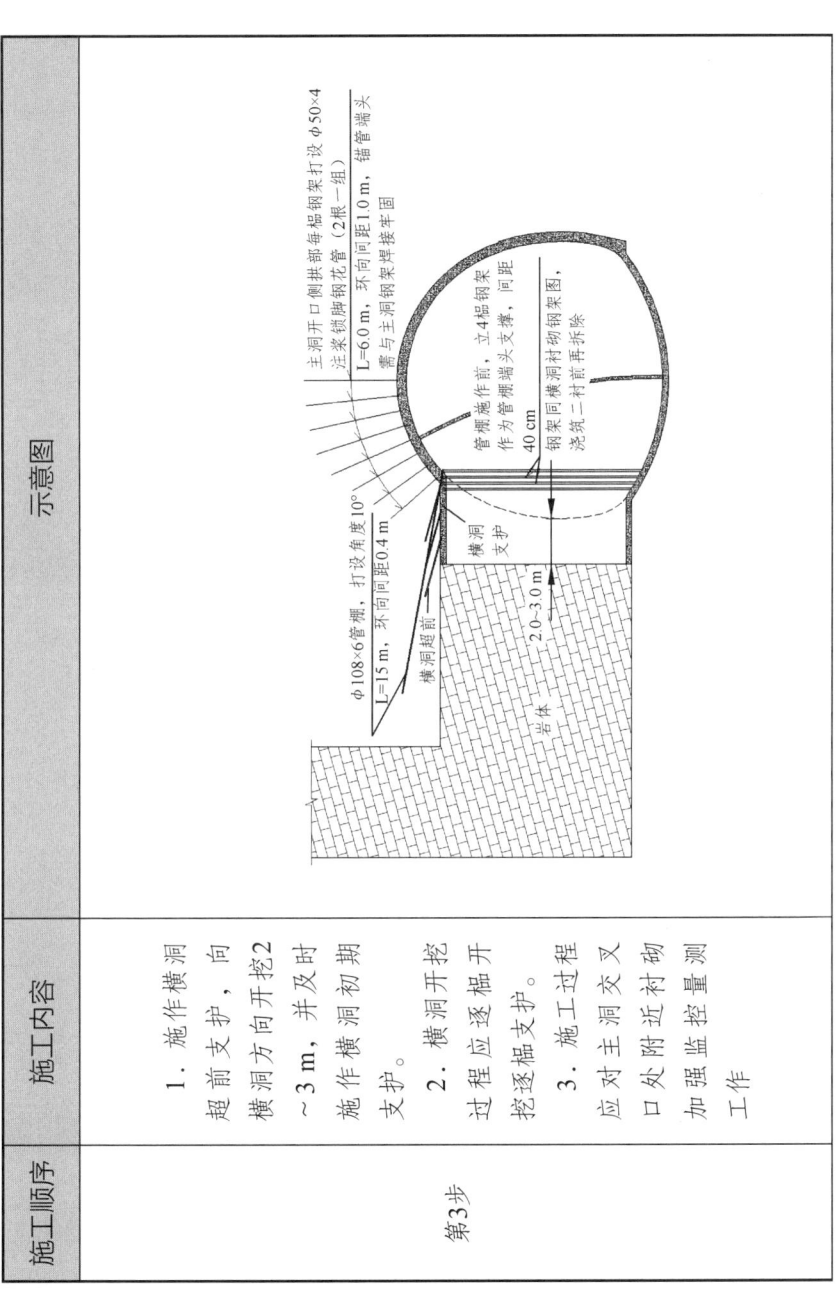

续表

施工顺序	施工内容	示意图
第4步	1. 拆除主洞临时导坑支护与交叉口处临时钢拱架。 2. 对交叉口处主洞二衬进行一次性浇筑，确保交叉口处二次衬砌的整体性	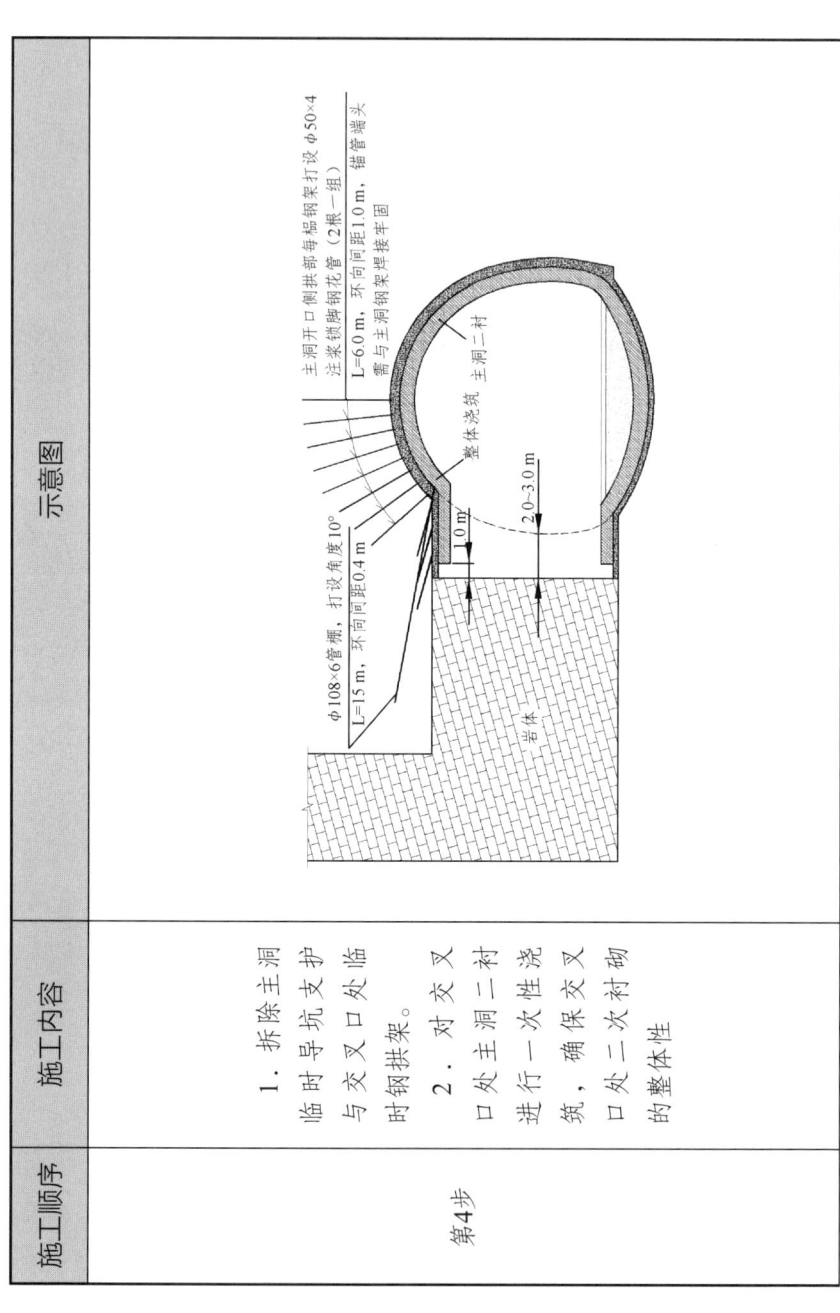

第4章 洞库式数据中心通风竖井设计

续表

施工顺序	施工内容	示意图
第5步	竖井开挖至与横洞交叉处，井初作支与竖井井底锁口梁	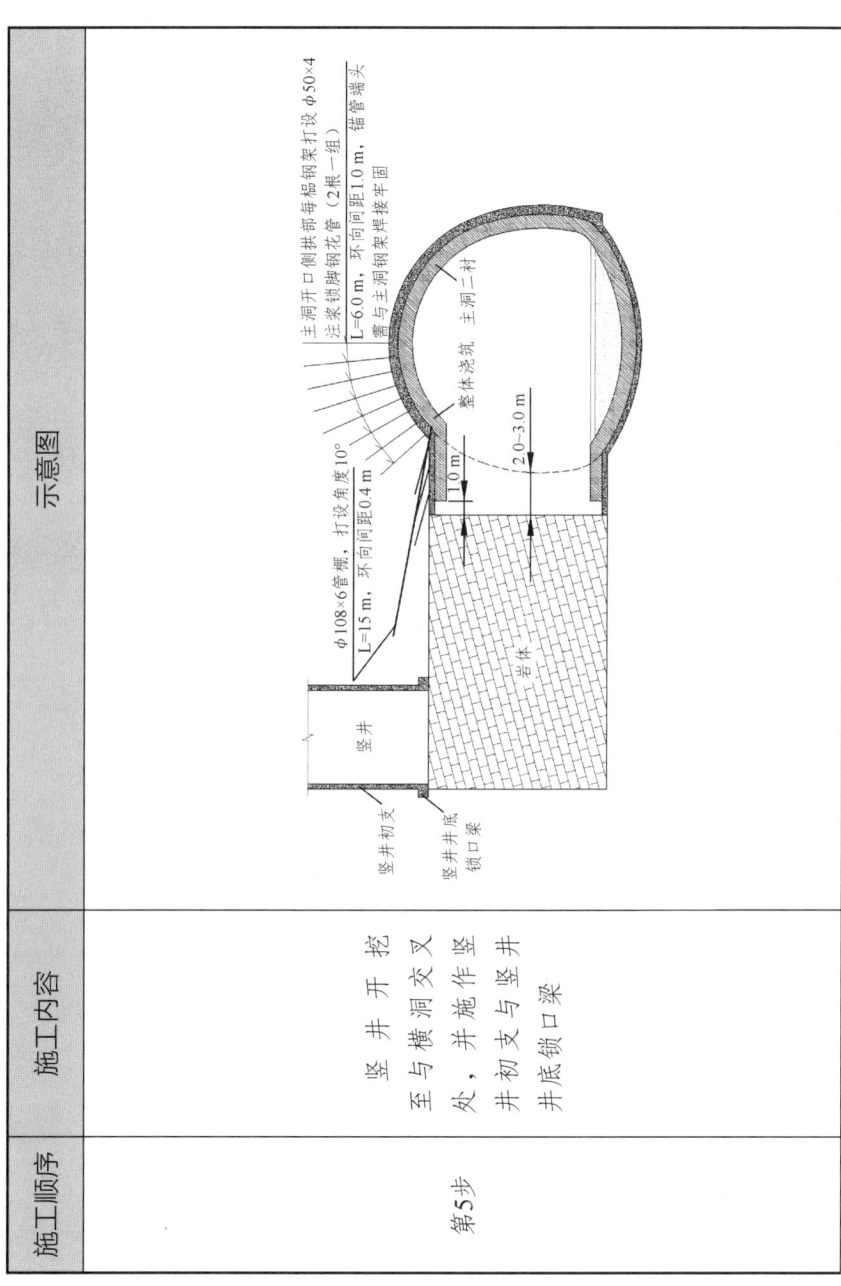

175

续表

施工顺序	施工内容	示意图
第6步	1. 对横洞实施开挖，横洞开挖前应确保主洞二衬强度达到70%以上。 2. 横洞逐榀开挖逐榀支护，并加强竖井与主洞的监控量测工作	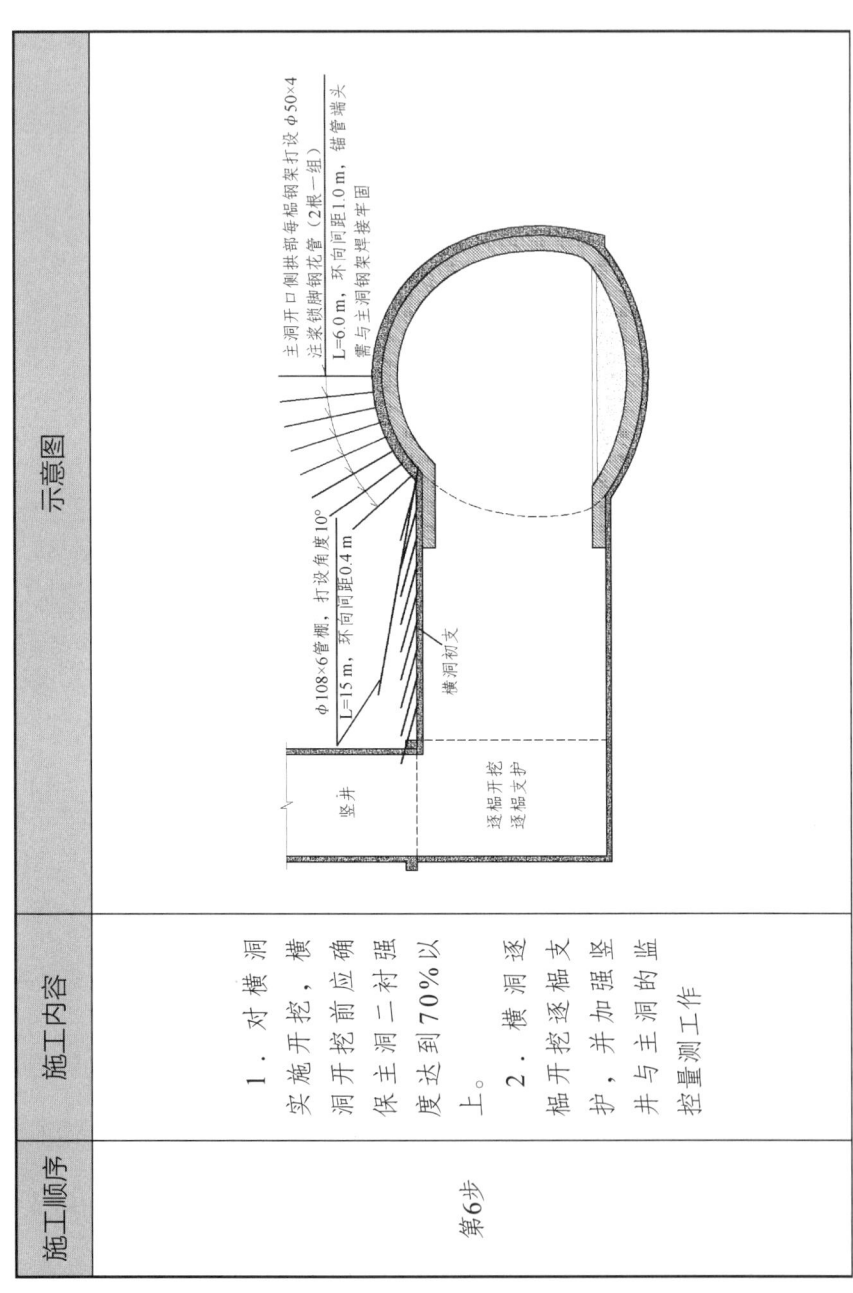

第4章 洞库式数据中心通风竖井设计

续表

施工顺序	施工内容	示意图
第7步	由下至上浇筑横洞二衬、端头墙二衬与竖井二衬	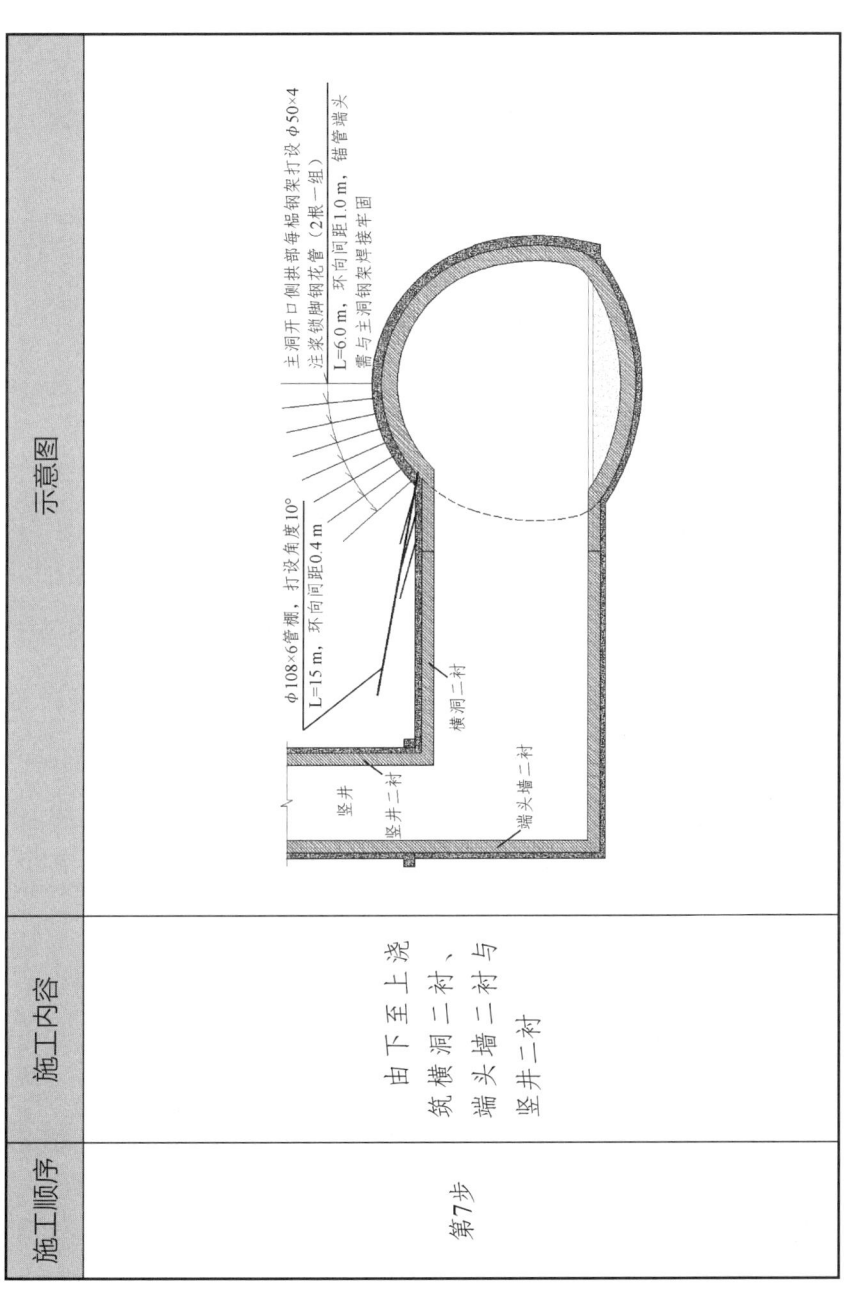

4.2.5 结果分析

4.2.5.1 施工阶段岩体计算结果

主洞开挖采用CD法，横洞开挖采用台阶法。主洞左侧先行施工，在交叉口处，采用锁脚锚杆+临时钢拱架+管棚作为施工前支护，每次施工进尺为2m。洞库式数据中心主洞与通风竖井连接处各施工工序岩体力学状态分析结果如下。

1. 交叉口处主洞开始施工

岩体力学状态如图4-6～图4-8所示。

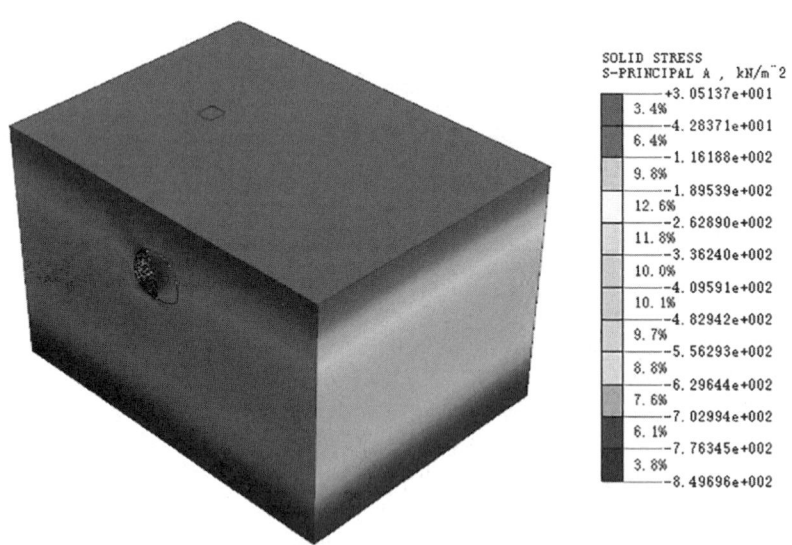

图4-6　交叉口处主洞开始施工时最大主应力

第4章 洞库式数据中心通风竖井设计

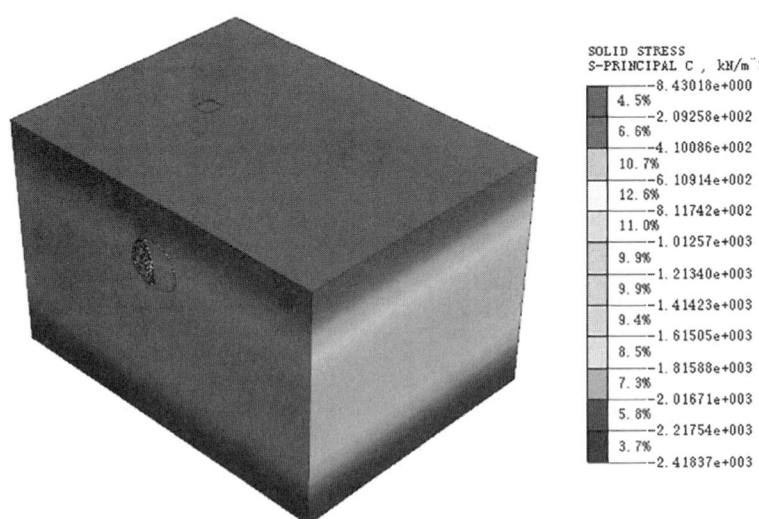

图4-7 交叉口处主洞开始施工时最小主应力

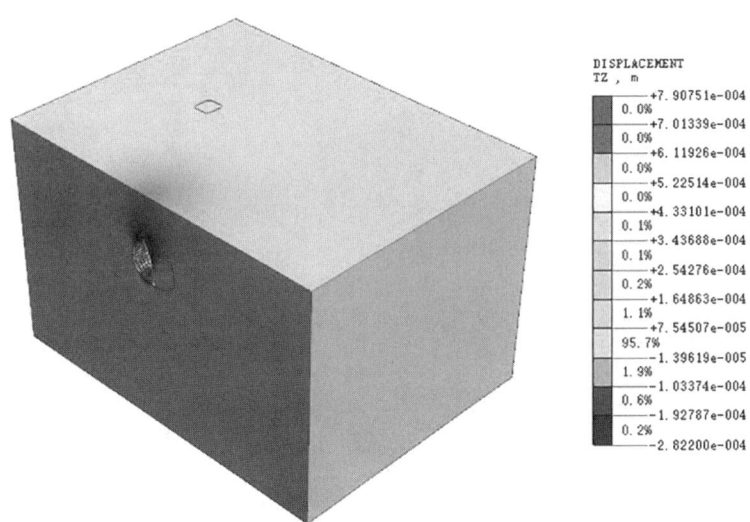

图4-8 交叉口处主洞开始施工时竖向位移

2. 施工至交叉口附近时施作临时支护

岩体力学状态如图4-9~图4-11所示。

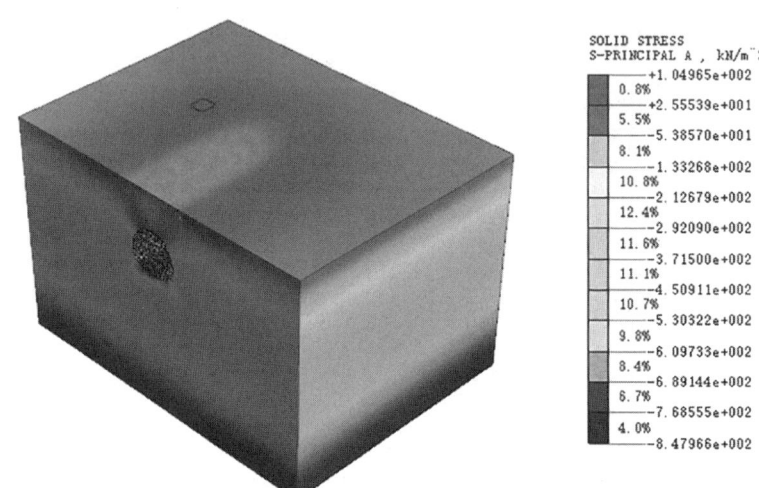

图4-9 施作临时支护时最大主应力

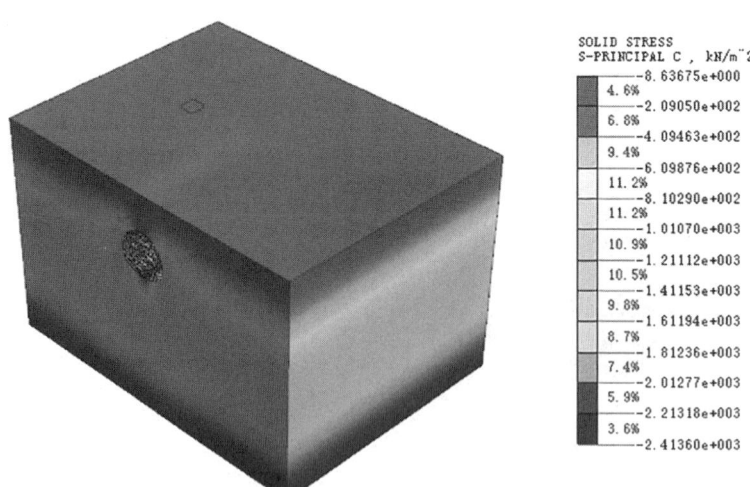

图4-10 施作临时支护时最小主应力

第4章 洞库式数据中心通风竖井设计

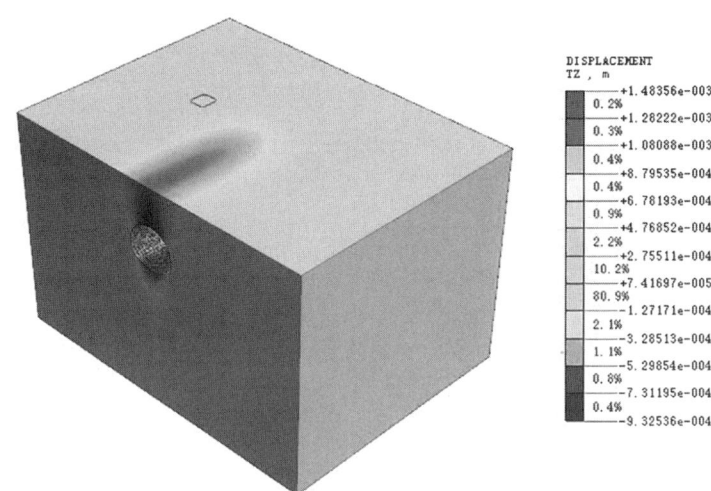

图4-11 施作临时支护时竖向位移

3. 交叉口横洞口部开挖并支护,竖井开始开挖

岩体力学状态如图4-12～图4-14所示。

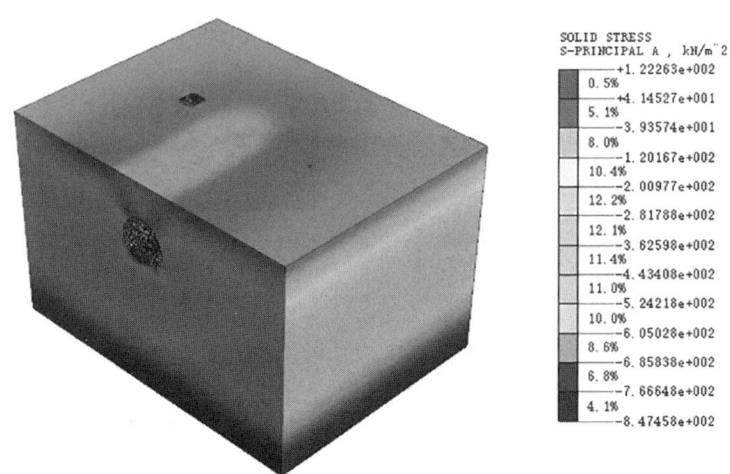

图4-12 交叉口横洞口部开挖并支护时最大主应力

181

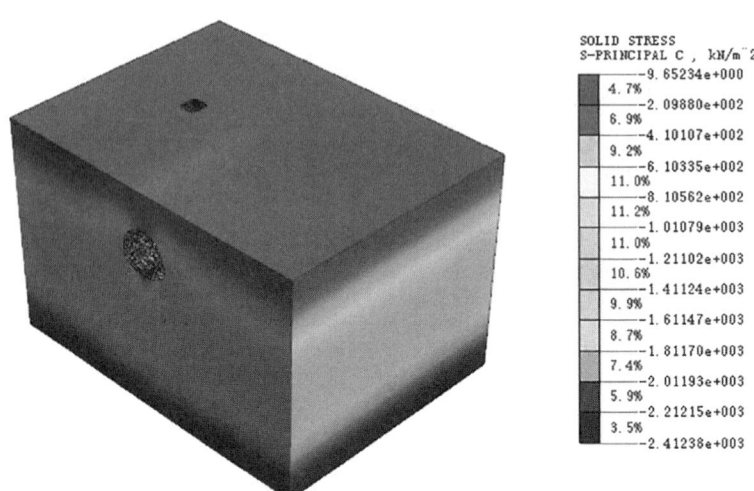

图4-13　交叉口横洞口部开挖并支护时最小主应力

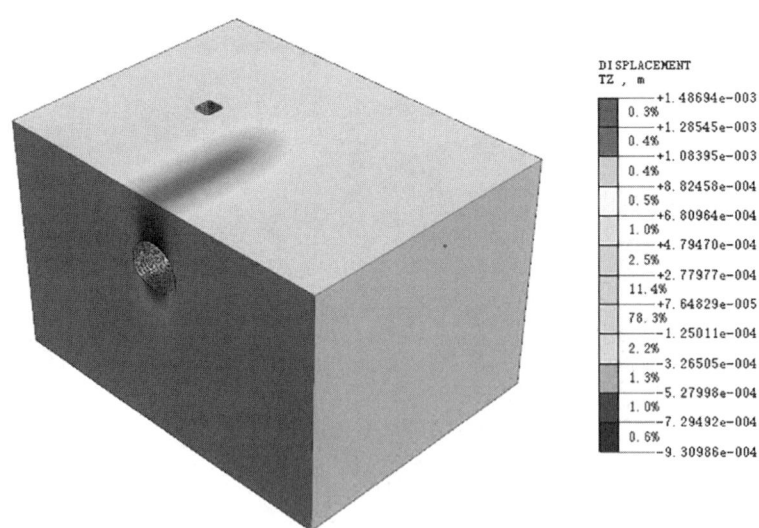

图4-14　交叉口横洞口部开挖并支护时竖向位移

第4章 洞库式数据中心通风竖井设计

4. 竖井开挖终止、横洞开始开挖

岩体力学状态如图4-15～图4-17所示。

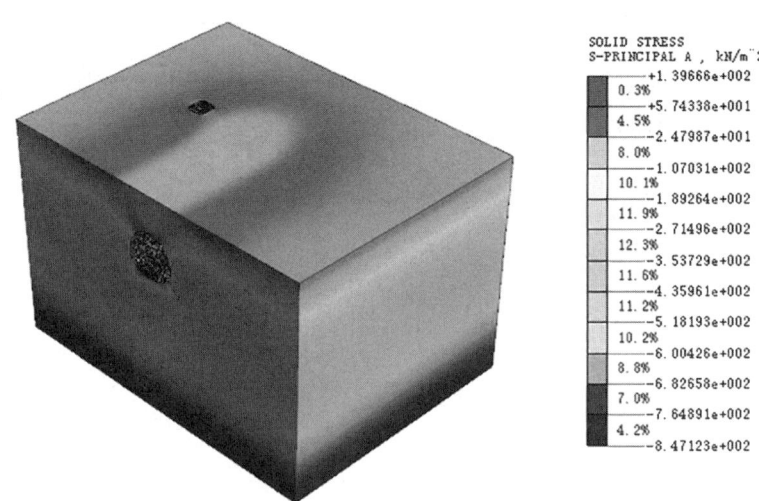

图4-15 竖井开挖终止、横洞开始开挖时最大主应力

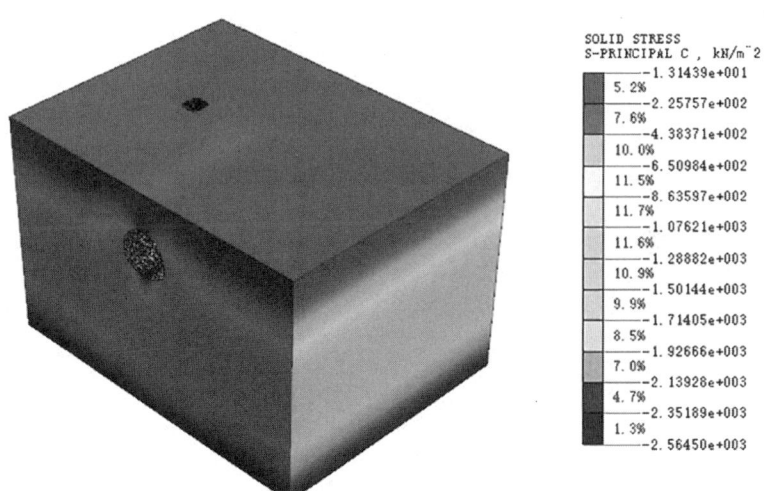

图4-16 竖井开挖终止、横洞开始开挖时最小主应力

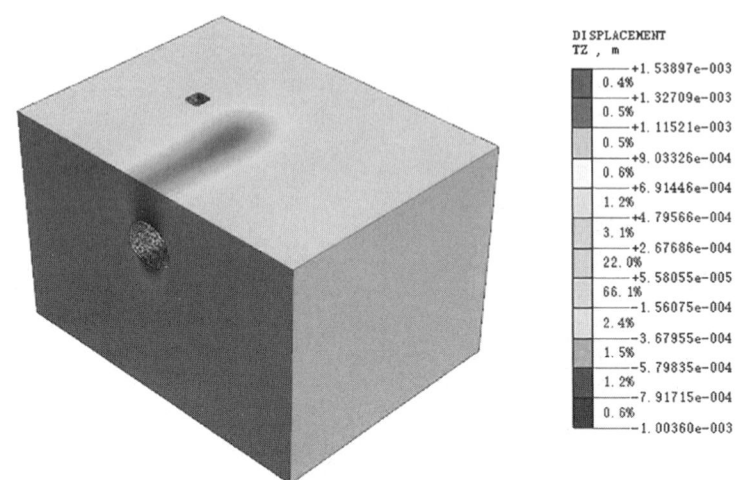

图4-17 竖井开挖终止、横洞开始开挖时竖向位移

5. 横洞开挖终止、主洞向前开挖开始

岩体力学状态如图4-18~图4-20所示。

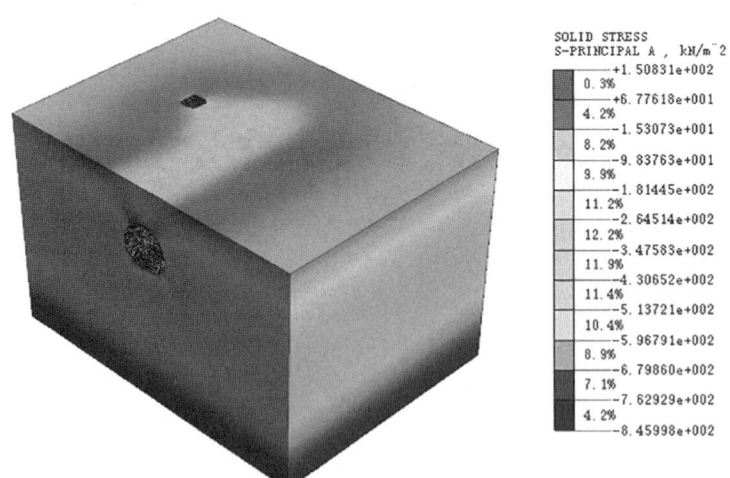

图4-18 横洞开挖终止、主洞向前开挖开始时最大主应力

第4章 洞库式数据中心通风竖井设计

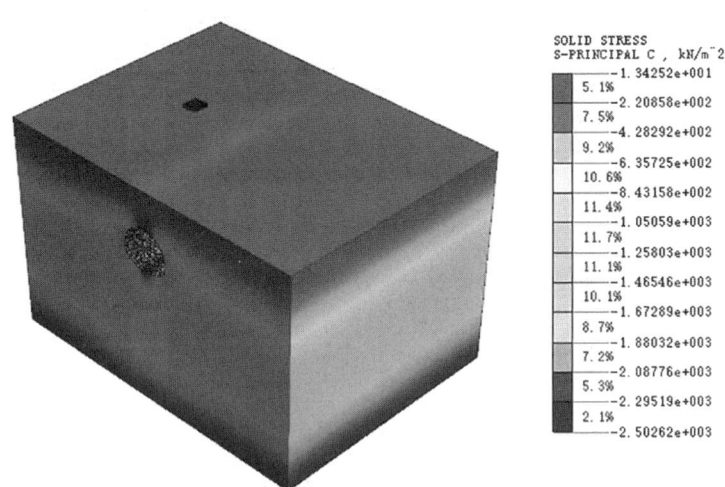

图4-19 横洞开挖终止、主洞向前开挖开始时最小主应力

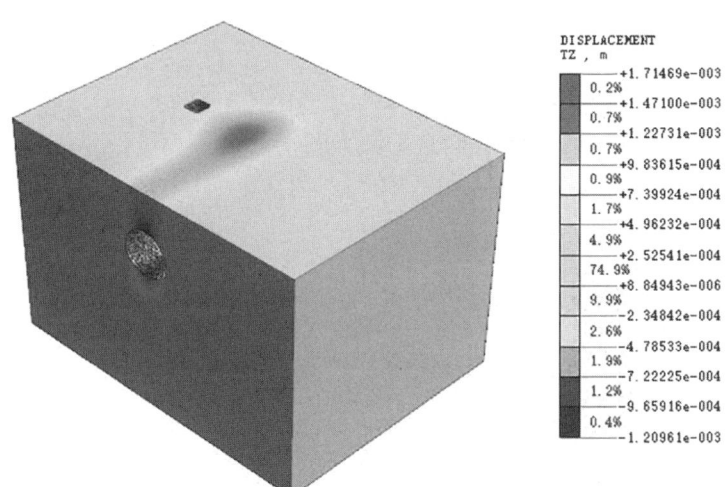

图4-20 横洞开挖终止、主洞向前开挖开始时竖向位移

从上述计算过程可以得出如下结论：

岩体的最大主应力主要发生在主洞隧道底部和拱顶，随着施工的进

行，在施工完成后，最大主应力最大值约为146.3 kPa，最小主应力主要发生在主洞与横洞交叉口，施工完成后，最小主应力最大值约为−2.405 MPa。岩体的拱顶沉降为1.259 mm，底部的竖向隆起为1.752 mm。

4.2.5.2　施工阶段隧道支护结构计算结果

主洞开挖采用CD法，横洞开挖采用台阶法。主洞左侧先行施工，在交叉口处，采用锁脚锚杆+临时钢拱架+管棚作为施工前支护，每次施工进尺为2m。洞库式数据中心主洞与通风竖井连接处各施工工序隧道支护结构力学状态分析结果如下。

1. 主洞开始施工

支护结构力学状态如图4-21～图4-23所示。

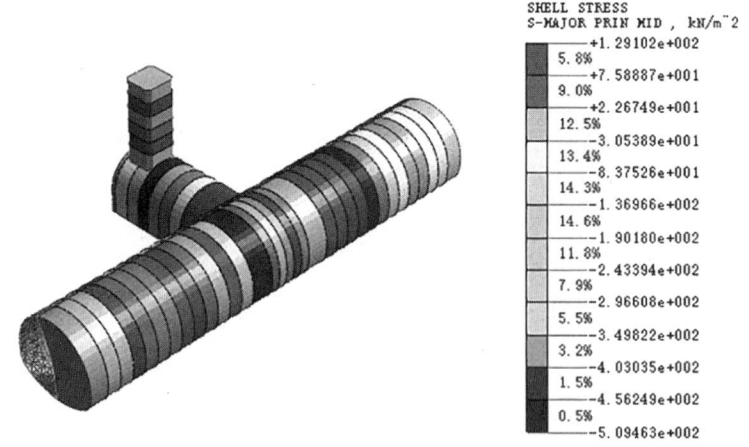

图4-21　主洞开始施工时支护结构最大主应力

第4章 洞库式数据中心通风竖井设计

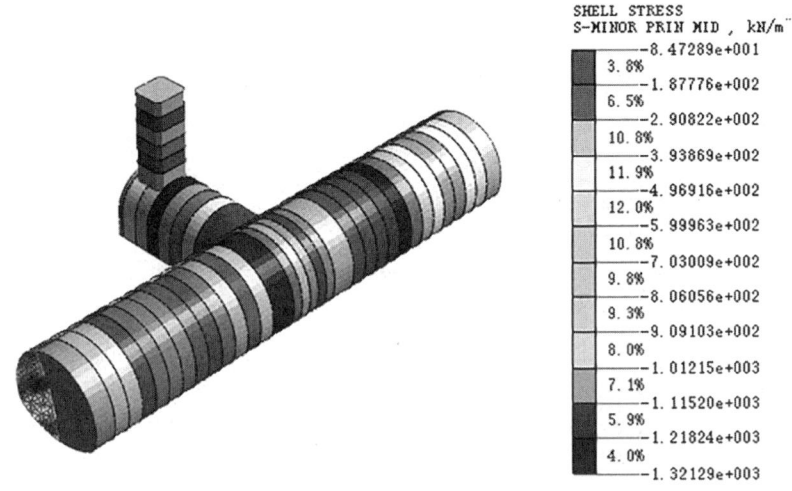

图4-22 主洞开始施工时支护结构最小主应力

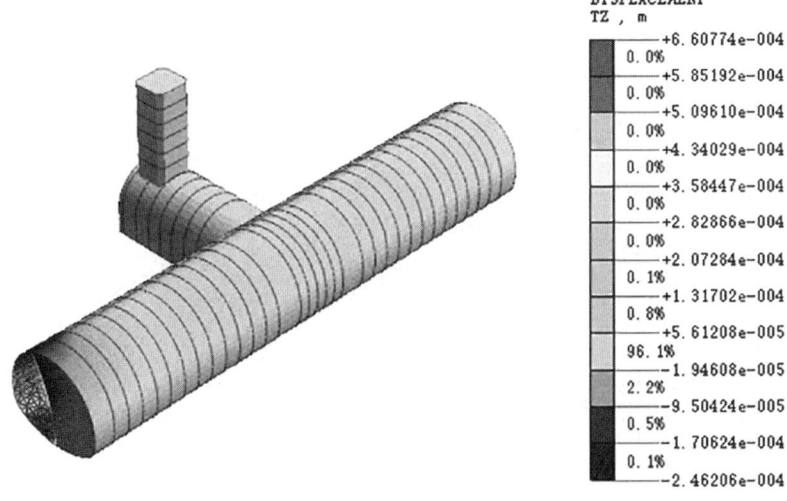

图4-23 主洞开始施工时支护结构竖向位移

2. 施工至交叉口附近时施作临时支护

支护结构力学状态如图4-24～图4-26所示。

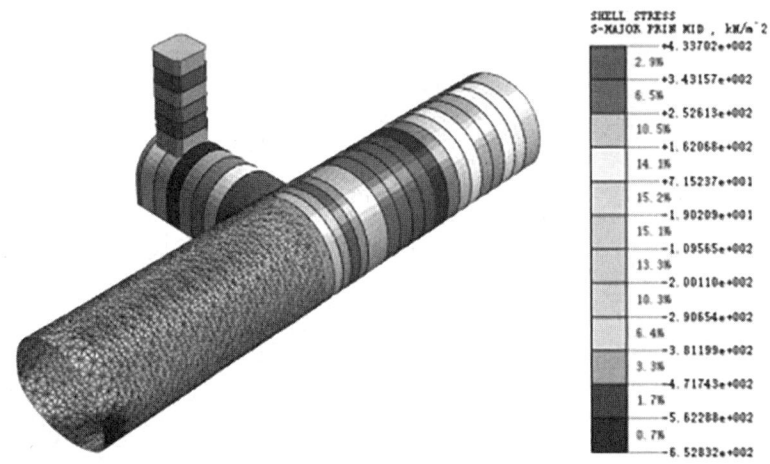

图4-24　施工至交叉口附近时施作临时支护时支护结构最大主应力

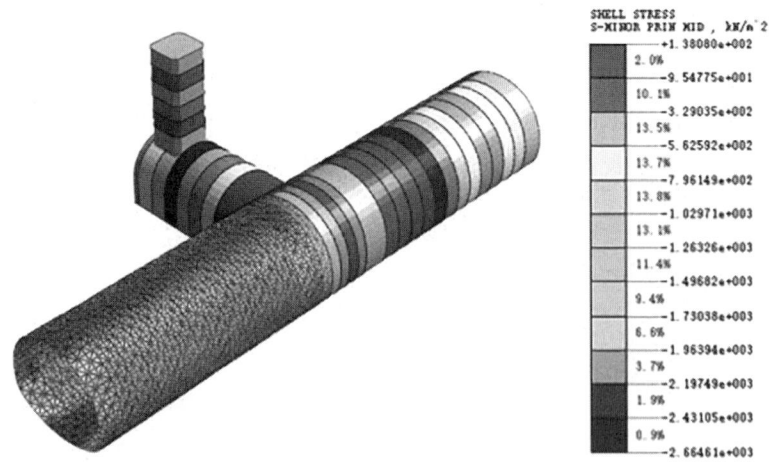

图4-25　施工至交叉口附近时施作临时支护时支护结构最小主应力

第4章 洞库式数据中心通风竖井设计

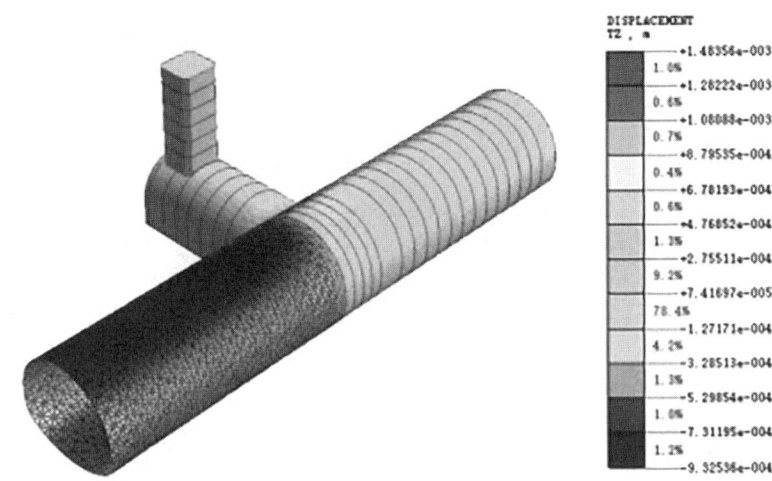

图4-26 施工至交叉口附近时施作临时支护时支护结构竖向位移

3. 交叉口横洞口部开挖并支护，竖井开始开挖

支护结构力学状态如图4-27～图4-29所示。

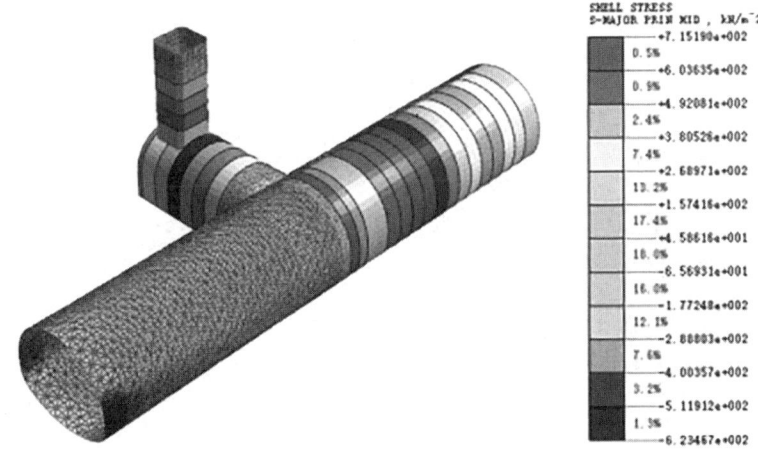

图4-27 交叉口横洞口部开挖并支护时支护结构最大主应力

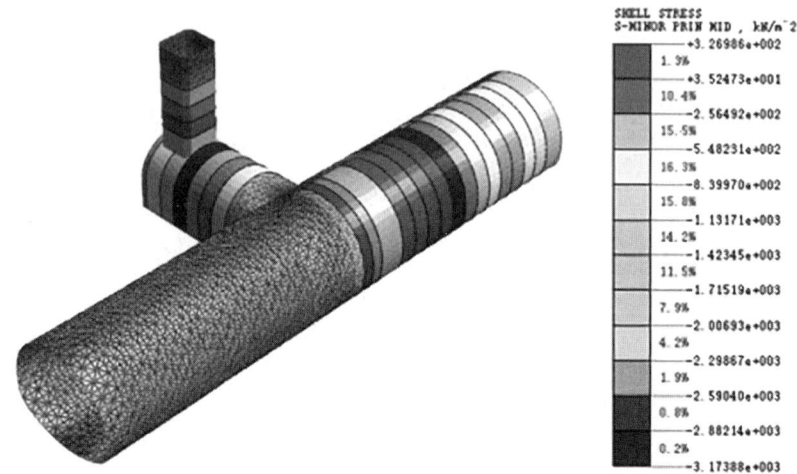

图4-28　交叉口横洞口部开挖并支护时支护结构最小主应力

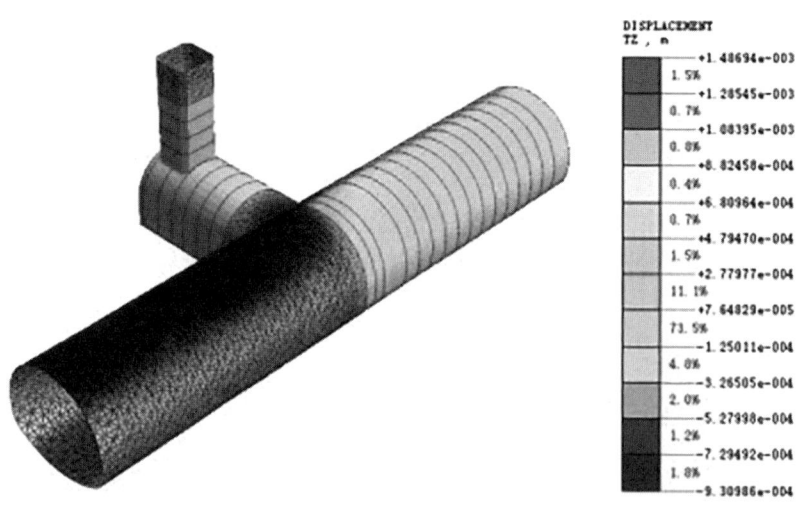

图4-29　交叉口横洞口部开挖并支护时支护结构竖向位移

第4章 洞库式数据中心通风竖井设计

4. 竖井开挖终止、横洞开始开挖

支护结构力学状态如图4-30~图4-32所示。

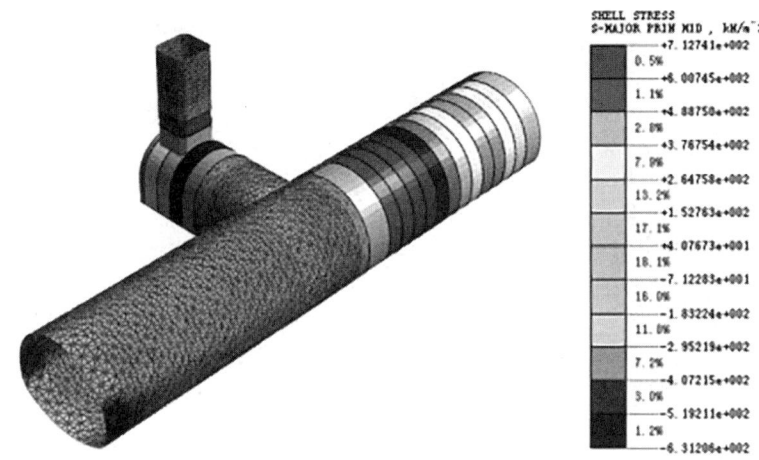

图4-30　竖井开挖终止、横洞开始开挖时支护结构最大主应力

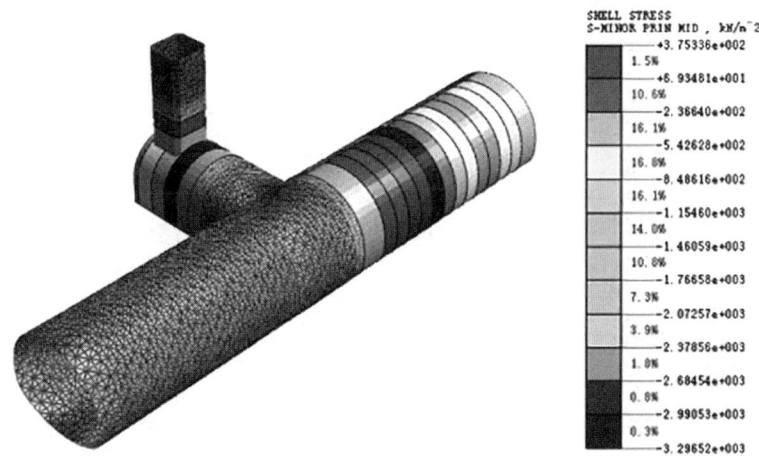

图4-31　竖井开挖终止、横洞开始开挖时支护结构最小主应力

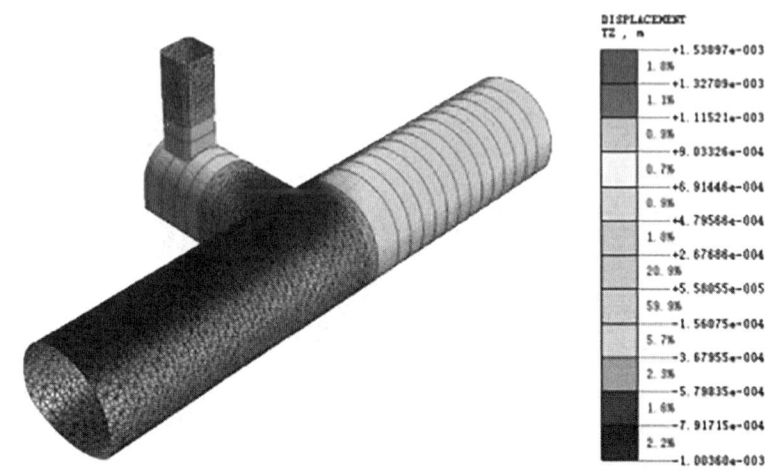

图4-32 竖井开挖终止、横洞开始开挖时支护结构竖向位移

5. 横洞开挖终止、主洞向前开挖开始

支护结构力学状态如图4-33~图4-35所示。

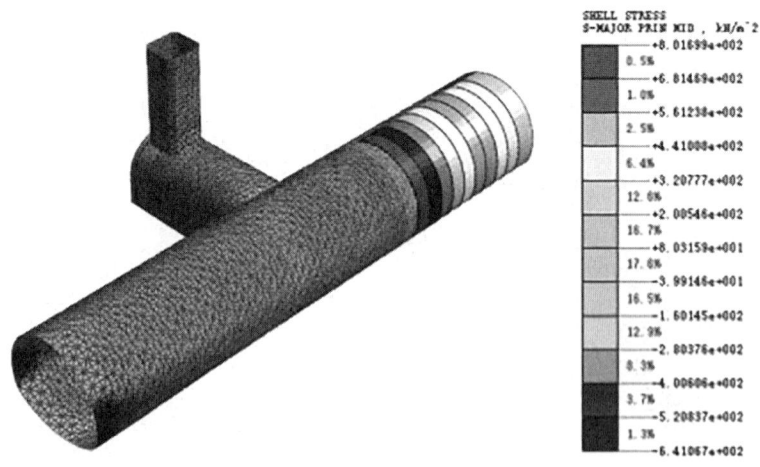

图4-33 横洞开挖终止、主洞向前开挖开始时支护结构最大主应力

第4章 洞库式数据中心通风竖井设计

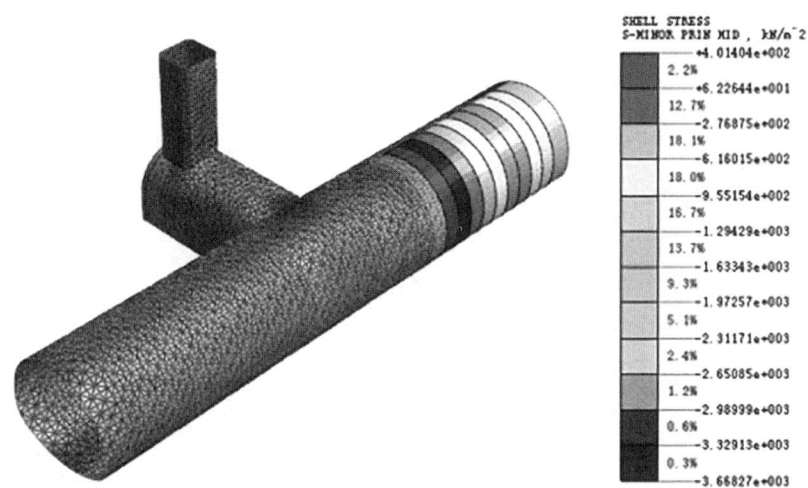

图4-34 横洞开挖终止、主洞向前开挖开始时支护结构最小主应力

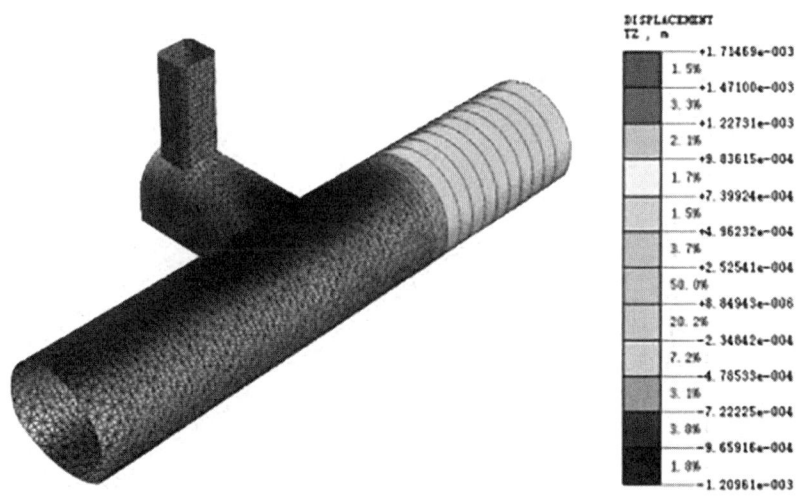

图4-35 横洞开挖终止、主洞向前开挖开始时支护结构竖向位移

6. 最终受力状态

支护结构最终受力状态如图4-36～图4-38所示。

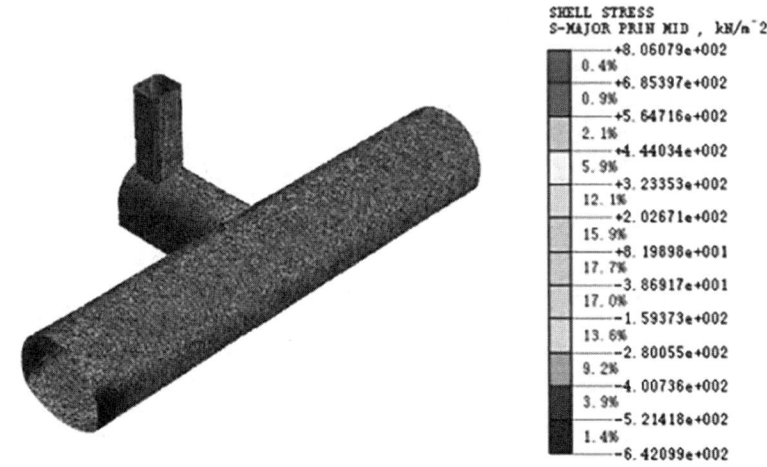

图4-36　横洞开挖终止、主洞向前开挖开始时支护结构最大主应力

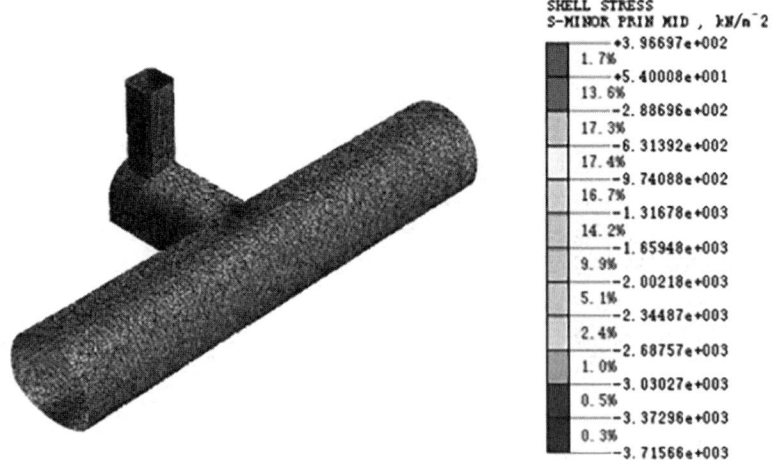

图4-37　横洞开挖终止、主洞向前开挖开始时支护结构最小主应力

第4章 洞库式数据中心通风竖井设计

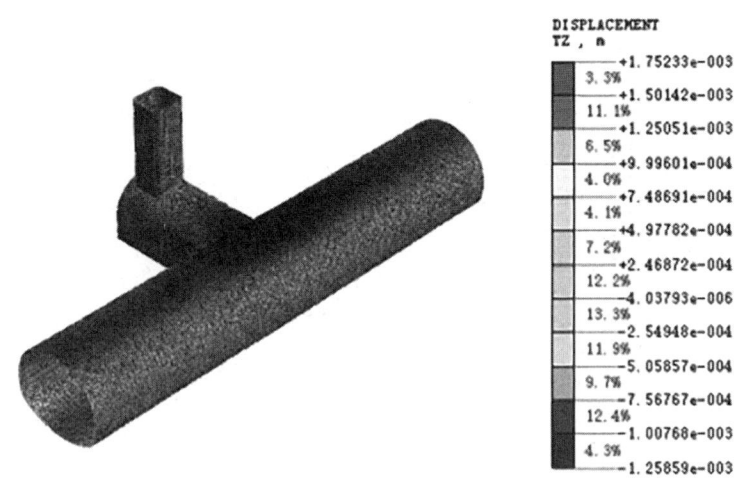

图4-38 横洞开挖终止、主洞向前开挖开始时支护结构竖向位移

从上述计算过程可以得出如下结论：

支护结构的最大主应力主要发生在主洞与横洞交叉口底部，以及横洞与竖井交叉口，在施工完成后，最大主应力的最大值约为806.1 kPa，最小主应力主要发生在横洞与竖井交叉口的边墙处，在施工完成后，最小主应力的最大值约为-3.716 MPa，支护结构的受力在允许范围内。

由上述计算结果可得，通过施工工序合理设置以及采用交叉口口部超前大管棚等措施，可以有效地处理洞库式数据中心主洞与通风竖井连接处施工过程的变形问题，并较好地提高隧道衬砌结构受力状态，从而降低洞库式数据中心大断面复杂交叉口的施工风险。

第 5 章

洞库式数据中心排热通风计算

第5章 洞库式数据中心排热通风计算

在前面章节的基础上,本章将以贵阳市气温参数为例,对数据中心冷热通道布置方案下的排热需风量进行计算,同时借助通风网络理论,提出冷(热)通道内送(排)风机选型压力计算方法。

5.1 相关设计规范与设计参数

目前,世界各地对数据机房的建筑规范标准不一,美国采用的是美国通信工业协会发布的数据中心的通信基础设施标准——Tier4(AN-SI/TIA 942—2005),而国内使用的是中国住房和城乡建设部发布的国家标准《数据中心设计规范》(GB 50174—2017),该建筑设计规范取代了之前施行的《电子信息系统机房设计规范》(GB 50174—2008)。除此以外,数据中心的建立还应遵循的主要标准有下面这些:

《民用建筑供暖通风与空气调节设计规范》(GB 50736)

《供配电系统设计规范》(GB 50052)

《建筑设计防火规范》（GB 50016）

《建筑物电子信息系统防雷技术规范》（GB 50343）

《工业企业噪声控制设计规范》（GB/T 50087）

《火灾自动报警系统设计规范》（GB 50116）

关于数据中心的温湿度设计要求，世界各国的设计规范中都有明确的温湿度规定，具体的温湿度规定如下：

根据美国制定的Tier4，标准中规定主机房室内的设计温度为72～75 F之间，也就是22～24 ℃，主机房室内的相对湿度为35%～50%。在数据中心长时间工作的情况下，主机房室内温度不能超过1 F的变化区域，即0.56 ℃，相对湿度不能超过5%的变化。在《数据处理环境热导则》（ASHRAE2009）中，该导则建议进入数据中心主机房的设备的空气温度应保持在64.4～80.6 F之间，即18～27 ℃；露点温度不应低于为41.9 F，即5.5 ℃；主机房室内的相对湿度不应超过60%。而数据中心其他机房的温湿度也有相应的要求，具体如表5-1。

表5-1 机房运行环境温湿度要求参考表

名　称	运行环境	
	温度/°C	湿度/%
语言机房	15～30	30～70
数字机房	15～30	30～70
IDC机房	15～30	40～55
综合机房	15～30	20～80
传输机房	15～30	20～80
动力机房（不包括电池）	15～30	20～80
电池室	15～30	40～60
其他机房	15～30	30～70

在我国，数据中心的温湿度设计要求是参照《数据中心设计规范》（GB 50174—2017）。相比于《电子信息系统机房设计规范》（GB 50174—2008），设计温度不再是多数A、B级数据中心所用到的23 °C±1 °C，具体要求如表5-2、表5-3所示。

表5-2　工作时机房内温度、湿度要求

要求	A级	B级	正常范围
温度	（23±2）℃	（20±2）℃	18～25 ℃
湿度	45%～65%	40%～70%	40%～60%
温度变化率	<5 ℃/h并不得结露	<10 ℃/h并不得结露	

表5-3　停运时机房内温度、湿度要求

要求	A级	B级	正常范围
温度	5～35 ℃	5～35 ℃	18～25 ℃
湿度	40%～70%	20%～80%	40%～60%
温度变化率	<5 ℃/h并不得结露	<10 ℃/h并不得结露	

洞库式数据中心大多为A级，设计参数室内主机房选择为23 ℃，冬、夏季相对湿度为45%，如表5-4所示。

第5章 洞库式数据中心排热通风计算

表5-4 室内设计参数

参数\功能	温度/°C 夏季	温度/°C 冬季	相对湿度/% 夏季	相对湿度/% 冬季	允许噪声/[dB(A)]
IT机房	23±1	23±1	40~50	40~50	≤65
动力配套用房	18~28	18~28	40~50	40~50	≤65

备注：①以上房间均不能结露；②数据机房温度指冷通道温度

对于贵阳地区，查相关资料，室外设计参数选择如表5-5所示。

表5-5 室外设计参数（参考：贵阳）

季节参数	干球温度/°C 空调	干球温度/°C 通风	湿球温度/°C	相对湿度/%	大气压力/Pa	主导方向
夏季	30.1	27.1	23	64	887.8	C SSW
冬季	-2.5	5.0	—	80	897.4	C ENE

5.2 排热需风量计算方法

5.2.1 计算思路及工况

1. 洞库数据中心的空调运行模式

数据中心IT机房设定温度为（23±1）℃、相对湿度为40%～50%，动力配套机房设定温度为18～28 ℃、相对湿度为40%～50%。空调机组的进出风方式：内循环为机组侧面和IT集装箱冷热通道对接，外循环为机组侧面进风顶部出风，室外侧出风为垂直机组高度向上出风至山洞内的热通道（如图5-1）。

机柜空调换热采用空-空间接换热芯体，该换热方式受外界风流的风温影响。根据贵阳市历年各月平均气温图（如图5-2）可知，按年平均最高气温来看，贵阳市每年至少有4个月温度低于15 ℃，按年平均最低气温来看，贵阳市每年约半年温度低于15 ℃。

第5章 洞库式数据中心排热通风计算

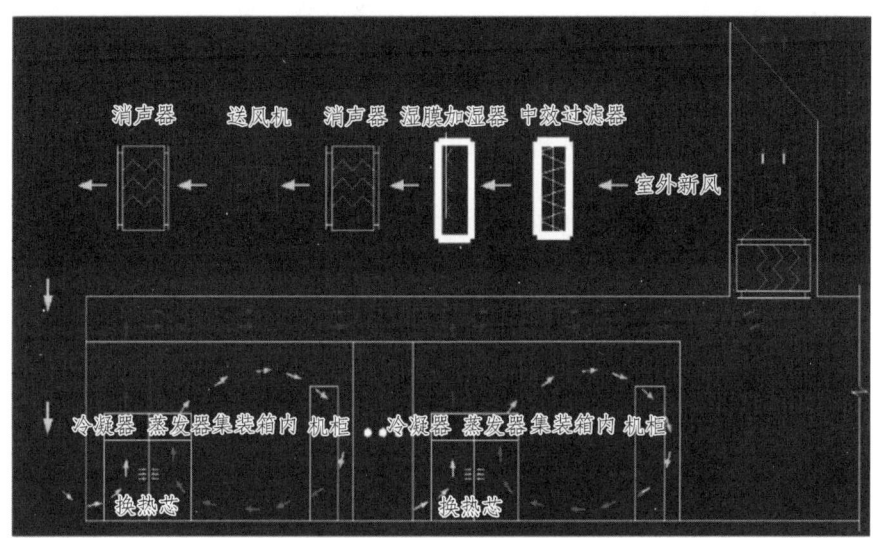

图5-1 通风流程示意图

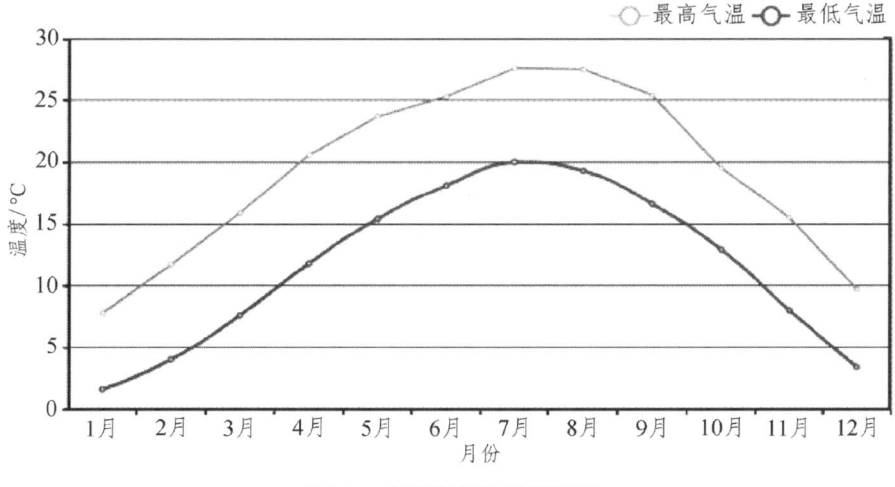

图5-2 贵阳市各月平均气温

因此根据洞外风流温度的不同，从降低空调机组的能耗出发，洞库中心机柜空调的运行模式为：

（1）当空调模块室外进风温度＞15 ℃时，经等焓加湿后送至机组侧面进行外循环，通过制冷带走机柜内服务器的散热量。

（2）当空调模块室外进风温度≤15 ℃时（湿膜加湿后的温度）能100%运行在自然冷却模式下。

2. 排热需风量计算工况

采用喷淋降温的方式对室外新风进行处理，该过程为等焓加湿过程，根据设计说明书加湿至相对湿度90%为止。经处理的新风进入冷通道并送至机组侧面换热，经模块顶部出风，通过热通道排出。其中，当进风温度≤15 ℃时，系统在自然冷却模式下运行，此外考虑空气输送过程中会有一定的温升，按0.5 ℃计算。

5.2.2 冷负荷计算

负荷计算分为冷负荷计算和湿负荷计算两大类，其中：冷负荷计算包含人体散热负荷、围护结构传入热量、照明散热量、数据中心设备散热量以及新风冷负荷；湿负荷计算包含人员散湿负荷、围护结构散湿负荷、新风湿负荷（由新风机组承担）。

5.2.2.1 人体散热负荷

人体散热负荷分为显热散热和潜热散热两部分。其中，人体散热量与温度、劳动强度等相关，不同温度条件下成年男子散热量详见表5-6。

（1）显热负荷按公式（5-1）计算：

$$Q_c = q_s n \phi C_{LQry} \qquad (5\text{-}1)$$

式中　Q_c——人体显热散热引起的冷负荷（W）；

q_s——不同室温不同劳动程度下成年男子显热散热量（W）；

n——室内人员数量（人）；

ϕ——群集系数，这里取1.0进行计算；

C_{LQry}——人体显热散热冷负荷系数，由于人体对围护结构和室内物品的辐射换热量减少，这里可直接取1.0进行计算。

（2）潜热负荷按公式（5-2）计算：

$$Q_q = q_l n \phi \qquad (5\text{-}2)$$

式中　Q_q——人体潜热形成的冷负荷（W）；

q_l——不同室温不同劳动程度下成年男子潜热散热量（W）；

n——室内人员数量（人）；

ϕ——群集系数，这里取1.0进行计算.

因此，人体散热冷负荷为：

$$Q_r = Q_c + Q_q \qquad (5\text{-}3)$$

表5-6　不同温度条件下成年男子散热量

类　型	室内温度/℃										
	20	21	22	23	24	25	26	27	28	29	30
显热/W	90	85	79	75	70	65	61	57	51	45	41
潜热/W	47	51	56	59	64	69	73	77	83	89	93
全热/W	137	136	135	134	134	134	134	134	134	134	134

5.2.2.2　围护结构传入的热量

地下建筑围护结构的传热过程是一个不稳定过程，但随着使用时间的增长，恒温传热过程逐步趋于稳定，年波动传热过程逐步进入准稳定状态，可按照稳态进行计算。

对于深埋恒温地下建筑，准稳态时外围护结构的传热量按公式（5-4）计算：

$$Q_w = Q_L = KF(t_{nc} - t_0)m \tag{5-4}$$

式中　Q_L——外围护结构传热量（W）；

　　　K——外围护结构传热系数[W/（m²·℃）]，根据围护结构的导热系数按表5-7确定；

　　　F——外围护结构传热面积（m²）；

　　　t_{nc}——地下建筑内的空气恒温温度（℃）；

　　　t_0——年平均温度（℃）；

　　　m——壁面传热修正因数，贴壁衬砌时宜取1.00，离壁或衬套结构时，周围为土壤宜取0.86，周围为岩石宜取0.72。

表5-7　围护结构的平均传热系数K值

λ/[W/(m·℃)]	0.92	1.16	1.73	2.08	2.31	3.46
K/[W/(m²·℃)]	0.71	0.80	1.06	1.18	1.52	1.62

注：λ为土壤导热系数，当λ值介于表数值之间时，可用线性插入法确定。

对于浅埋单建式恒温地下建筑，准稳态时外围护结构的传热量按式（5-5）计算：

$$Q_w = Q_2 = (t_{nc} - t_0)2\alpha l(h+b)(1-T_{pb}) \pm \alpha l\theta_d(b\Theta_{dbL} + 2h_y\Theta_{db2}) \quad （5\text{-}5）$$

式中　l，h，b——地下建筑的长、高、宽（m）；

　　　α——内壁面的表面传热系数［W/(m²·℃)］；

　　　T_{pb}——年平均温度因数，以土壤的导热系数、建筑物宽度b和高度h值共同确定，由《人民防空地下室设计规范》附录G查得取0.96[1]；

　　　θ_d——地表面温度年周期性波幅（℃），由式（5-6）计算得到；

　　　Θ_{dbL}，Θ_{db2}——年周期性波动温度因数，根据λ和α以及$(0.5b+h)$查表5-8；

　　　h_y——围护结构侧壁面传热面积参数（m）；

　　　$\pm$——夏季取"+"，冬季取"−"。

表5-8 年周期性波动温度因数 Θ_{db}

λ	α	建筑高度 h/m						
		2	4	6	8	12	18	20
1.163	0.0010	0.0900	0.0464	0.0298	0.8899	0.8974	0.9014	0.9036
	0.0020	0.0965	0.0537	0.0355	0.9112	0.9199	0.9247	0.9276
1.512	0.0010	0.1111	0.0574	0.0369	0.8620	0.8703	0.8748	0.8772
	0.0020	0.1196	0.0670	0.0443	0.8891	0.8788	0.9044	0.9073
1.744	0.0010	0.1910	0.0643	0.0413	0.8443	0.8530	0.8576	0.8603
	0.0020	0.1990	0.0749	0.0494	0.8751	0.8853	0.8913	0.8944

地表面温度年周期性波幅 θ_d 由公式（5-6）计算：

$$\theta_d = t_{rp} - t_{np} \tag{5-6}$$

式中　t_{rp}——夏季室内空气日平均温度（℃）；

t_{np}——夏季室内空气年平均温度（℃）。

本数据中心属于浅埋式地下建筑，按式（5-5）进行计算。

5.2.2.3 照明设备散热量

照明设备散热量形成的负荷采用公式（5-7）计算：

$$Q_z = NAC_{LQzm} \quad (5-7)$$

式中　Q_z——照明设备散热量形成的负荷（W）；

　　　N——单位面积照明散热量（W/m²）；

　　　A——主机房照明面积（m²）；

　　　C_{LQzm}——照明散热冷负荷系数，可由《空调工程》附录26查得，此处取0.9[2]。

5.2.2.4 数据中心内设备散热

设备散热用公式（5-8）计算：

$$Q_r = PnC_{LQsb} \quad (5-8)$$

式中　Q_r——数据中心内设备散热量形成的负荷（W）；

　　　P——机柜设备功率（W）；

　　　n——机柜台数（个）；

　　　C_{LQsb}——设备散热冷负荷系数，可由《空调工程》附录24、附录

25查得，此处取0.96[2]。

5.2.2.5 新风冷负荷

只计算夏季工况，为维持数据机房内与外界的正压(10 Pa)，新风量按0.6次换气次数计算，计算公式（5-9）如下：

$$G = V \times 0.6 \quad （5\text{-}9）$$

式中　G——进入机房新风量（m³/h）；

　　　V——机房容积（m³）。

根据焓湿图，建立新风点与室内点的关系，并可知相应状态点参数，采用公式（5-10）计算新风冷负荷：

$$Q_x = G(h_x - h_0) \quad （5\text{-}10）$$

式中　Q_x——新风冷负荷（kW）；

　　　G——机房新风量（kg/h），此处空气密度$\rho = 1.019 \text{ kg/m}^3$；

　　　h_x——室外空气焓值（kJ/kg）；

　　　h_0——室内空气焓值（kJ/kg）。

注：据系统方案，新风冷负荷不计入洞库内总冷负荷中。

洞库内总冷负荷：

$$Q = Q_r + Q_w + Q_z + Q_t \tag{5-11}$$

5.2.3 湿负荷计算

5.2.3.1 人员散湿量

人员散湿量计算公式：

$$W_r = n \times F_s \tag{5-12}$$

式中　W_r——人员散湿量（g/h）；

　　　n——室内人员数量（人）；

　　　F_s——单人单位时间散湿量[g/(人·h)]。

在国家标准《公共建筑节能设计标准》GB50189—2015中可依据主机房计划温度查得单人单位时间散湿量[3]。

5.2.3.2 围护结构散湿负荷

围护结构散湿负荷计算公式：

$$W_w = A \times F_z \tag{5-13}$$

式中 W_w——围护结构散湿量（g/h）；

F_z——单位时间单位面积的蒸发量，围护结构内表面为混凝土，根据规范取2 g/(h·m²)；

A——围护结构内表面面积（m²）。

5.2.3.3 新风除湿量

根据焓湿图，建立新风点与室内点的关系，并可知相应状态点参数，采用以下公式计算新风所需除湿量：

$$W_x = G \times (d_x - d_0) \tag{5-14}$$

式中 W_x——新风除湿量（g/h）；

G——机房新风量（kg/h）；

d_x——室外空气含湿量（g/kg）；

d_0——室内空气含湿量（g/kg）。

注：据系统设置，新风单独处理，其除湿量不计入洞库内总湿负荷中。

洞库内总湿负荷：

$$W = W_r + W_w \tag{5-15}$$

5.2.4 数据中心通风量计算

考虑IT洞库非对称布置，分别计算左右洞库新风量，相加得IT洞库新风总量。考虑新风经过冷通道送至机房或者是机组侧面处均有温升0.5 ℃。

室外新风经等焓加湿，空气处理过程为$W—E$；通过冷通道，考虑其温升为0.5 ℃，空气处理过程为$E—X$；考虑在空-空换热器处带走来自空调制冷模块处的热量，对于空气作为传热介质的空气强迫对流传热，其传热温升一般可达3~10 ℃，当进风温度>15 ℃时，温升按6.5 ℃计算，当进风温度≤15 ℃时，温升按8.5 ℃计算。沿着等湿线升温，空气处理过程为$X—P$。图5-3即为空气处理焓湿图示意图。

洞库所需通风量计算采用公式为：

$$L_L = \frac{Q}{t_p - t_x} \quad (5-16)$$

式中 L_L——通风量（kg/s）。

Q——当进风温度>15 ℃时，冷凝热负荷，空调冷凝热量通常为冷负荷的1.3~1.5倍，本书取$Q=1.4Q$（kW）[4]；当进风温度≤15 ℃时，$Q=Q$。

t_p——冷凝器出口状态点的焓值（kJ/kg）。

t_x——新风进入机组侧面处的焓值（kJ/kg）。

注：各工况状态点X均为送入机柜风的最终状态，以上标不同区分各工况。

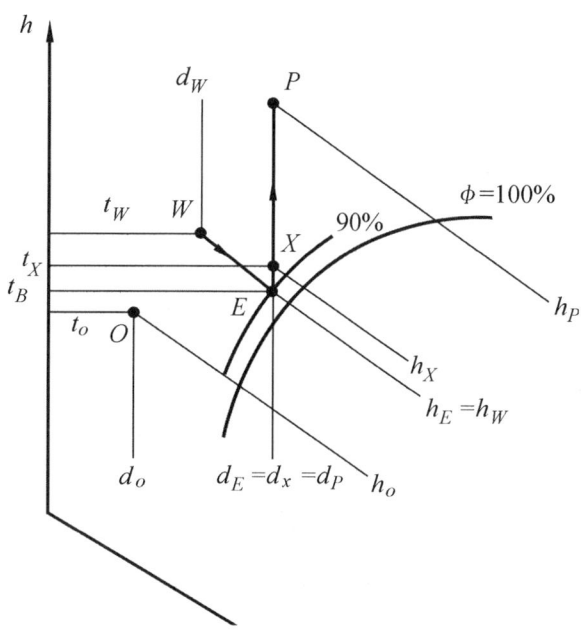

图5-3 空气处理焓湿图示意图

5.2.5 计算示例

本研究采用某洞库式数据中心的比选方案作为计算示例。针对洞库式数据中心，不管室外参数如何变化，室内部分各项冷负荷及湿负荷均不会发生变化。室外气象参数的变化只会影响通风量的大小。

5.2.5.1 人体散热负荷计算

根据参考书籍《地下工程通风于空气调节》中，可以确定在不同温度条件下成年男子散热量与散湿量的相关负荷参数。根据实际情况人员在洞库内的体力活动为极轻运动。

主机房室内计划温度取23 ℃，计算时应取数据为：

显热量75 W

潜热量59 W

各个洞库内平时仅有③~⑥数据洞内值班人员驻守，每个数据洞洞口有两个人值班，当有维修巡检任务时，每个维修点的人员不超过5个。故在计算时按人数为5人计算：

人体显热负荷：$Q_c = q_s n \phi C_{LQ} = 75 \times 5 \times 1.0 \times 1.0 = 375$ (W)

人体潜热负荷：$Q_q = q_l n\phi = 59 \times 5 \times 1.0 = 295$ (W)

人体散热冷负荷：$Q_r = Q_c + Q_q = 375 + 295 = 670$ (W) $= 0.67$ (kW)

5.2.5.2 围护结构传入的热量

洞库总长275 m，洞库宽为16.18 m，洞库入口的面积为83.65 m²，为浅埋式地下建筑；可知该洞库相当于长l=275 m，宽b=16.18 m，高h=5.17 m的建筑。因洞库内温度恒定不变，故地表面温度年周期性波幅θ_d=0。

查阅资料显示，贵阳地区大多为砂质，洞库外围护结构土壤的导热系数λ=2.6 W/（m·℃），根据《人民防空地下室设计规范》以土壤的导热系数、建筑物宽度b和高度h值共同确定年平均温度因数T_{pb}=0.96。

$$Q_w = (t_{nc} - t_0)2\alpha l(h+b)(1-T_{pb}) \pm \alpha l\theta_d(b\Theta_{db1} + 2h_y\Theta_{db2})$$
$$= [(15.3 - 23) \times 2 \times 8.7 \times 275 \times (5.17 + 16.18) \times (1 - 0.96) + 0] \div 1\,000$$
$$= -31.47 \text{ (kW)}$$

从计算结果来看，由于贵阳地区年平均温度较低，洞库中心围岩温度并不高。总体而言，并不向洞库内放热，反而是带走热量。

5.2.5.3 照明散热量

根据设计尺寸,对于主机房,每个数据洞面积为1 734 m²,照明设备的照明指标数据统一定为10 W/m²,照明散热冷负荷系数C_{LQzm}取0.9。

$$Q_z = NAC_{LQzm} = \frac{10}{1\,000} \times 1\,734 \times 0.9 = 15.60 \text{ (kW)}$$

5.2.5.4 数据中心内设备散热

根据方案设计资料显示,单个模块集装箱内包含15台IT机柜,总计480台IT机柜,单台IT机柜设备功率为5 kW。在整条IT洞库中,主机房将集装箱上下排列,左右对称布置,共计32组模块集装箱(集装箱尺寸为:12.8 m×2.8 m×3.2 m;IT数据模块尺寸为:7.0 m×1.4 m×2.1 m)。设备散热冷负荷系数取0.96。

$$Q_r = PnC_{LQsb} = 5 \times 480 \times 0.96 = 2\,304 \text{ (kW)}$$

洞库内总冷负荷:

$$Q = Q_r + Q_w + Q_z + Q_t = 0.67 - 31.47 + 15.60 + 2\,304 = 2\,288.8 \text{ (kW)}$$

5.2.5.5 湿负荷计算

人员散湿负荷计算：

$$W_s = n \times F = 5 \times 0.158 = 0.79 \text{ (kg/h)} = 0.22 \text{ (g/s)}$$

围护结构散湿负荷计算：

$$W_w = A \times F_z = 1\,734 \times 0.002 = 3.5 \text{ (kg/h)} = 1.0 \text{ (g/s)}$$

洞库内总湿负荷：

$$W = W_s + W_w = 0.22 + 1.0 = 1.22 \text{ (g/s)}$$

5.2.5.6 新风负荷计算

本项目的设计中，新风单独处理，新风负荷随室外状态参数的变化而变化。以夏季室外计算参数为例，根据焓湿图，建立新风点与室内点的关系：室外风通过水幕处理后会发生等焓降温过程，降温后无法到达室内设计温度点。空气在输送过程中会有小幅温升，导致空气会沿着等湿线升温，其值估计0.5 ℃。焓湿图分析如图5-4所示。

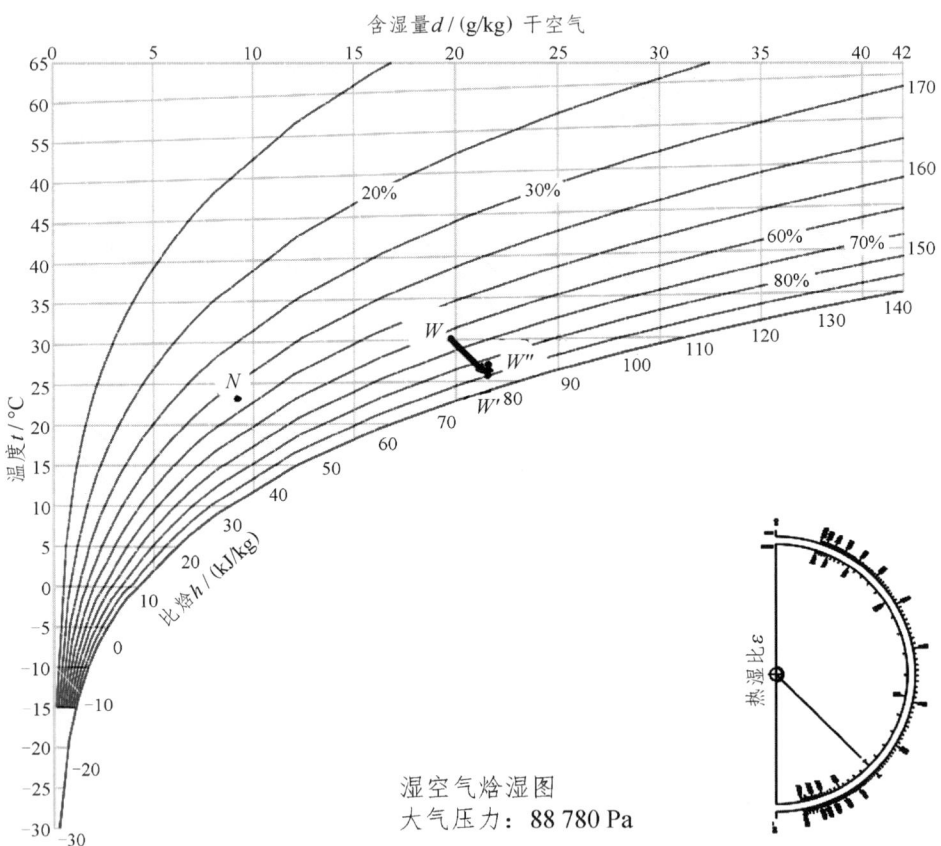

图5-4 洞口送风处理过程焓湿图（夏季）

由焓湿图可知相应状态点参数如表5-9所示。

表5-9 洞口送风处理过程各状态点参数（夏季）

参数状态点	室内点N	室外点W	水幕处理W'	新风点W''
干球温度/°C	23.0	30.1	25.7	26.2
湿球温度/°C	15.1	24.4	24.4	24.5
相对湿度/%	45.0	64.0	90.0	87.6
含湿/（g/kg）	9.0	19.8	21.6	21.6
焓/（kJ/kg）	46.1	80.9	80.9	81.5
露点温度/°C	10.3	22.4	23.8	23.9
密度/（kg/m³）	1.038	1.007	1.021	1.019

已知每个数据洞容积为12 484.8 m³，则可计算得到新风处理总负荷为（包含显热、潜热）：

$G = V \times 0.6 = 12\ 484.8 \times 0.6 = 7\ 490.88\ (\text{m}^3/\text{h})$

$G = 7\ 490.88 \times 1.019 = 7\ 755.3\ (\text{kg/h})$

$$Q_x = G(h_x - h_0) = 7\,755.3 \times (81.5 - 46.1) = 274\,537.7 \text{ (kJ/h)} = 76.3 \text{ (kW)}$$

其中所需除湿量为：

$$W_x = G \times (d_x - d_0) = 7\,755.3 \times (21.6 - 9.0) = 97\,716.78 \text{ (g/h)} = 27.14 \text{ (g/s)}$$

从上述计算结果可以看出：相对地上而言，地下数据中心围护结构传热较小；数据中心负荷主要来源为IT模块散热，照明负荷、人体散热负荷以及围护结构传热负荷可忽略不计。地下数据中心内部散湿引起的湿负荷也很少。

5.2.5.7 各工况通风量计算

贵阳市年平均气温为15.3 ℃，年极端最高温度为35.1 ℃，年平均相对湿度为77%（数据来源自中国天气网）。本设计通风量设计依据日平均温度及相对湿度进行调整。根据图5-5可得，贵阳市干球温度≤15 ℃小时数为3 861 h，>15 ℃小时数为4 899 h。当进风温度>15 ℃时，按空调设计室外参数取值进行计算，即最不利工况；当进风温度≤15 ℃时，对选取某日平均温度及相对湿度通过焓湿图进行示例计算。如图5-6～图5-8所示。

第5章 洞库式数据中心排热通风计算

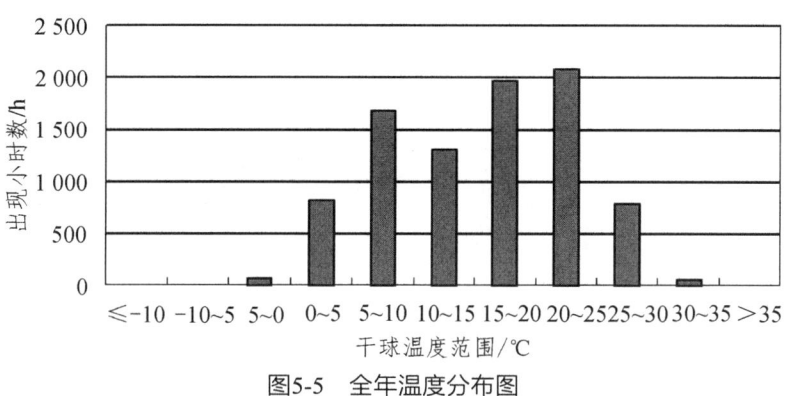

图5-5 全年温度分布图

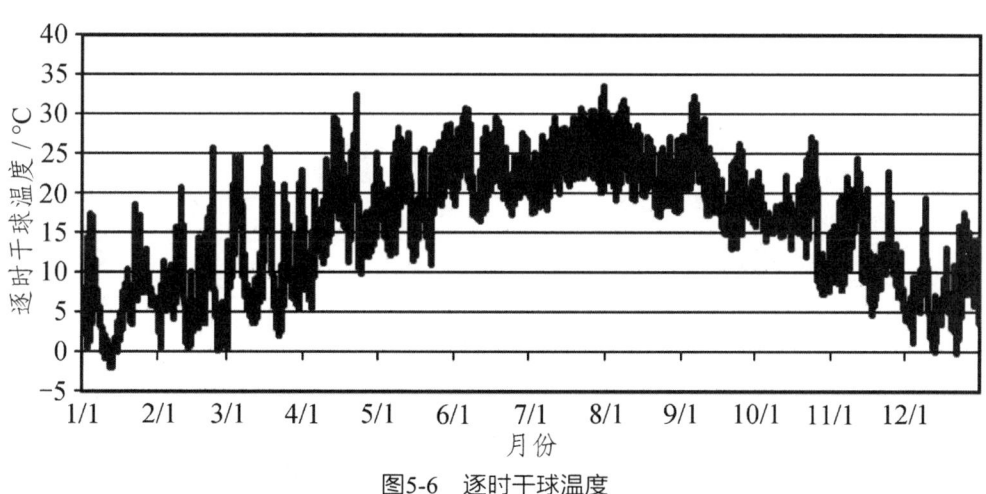

图5-6 逐时干球温度

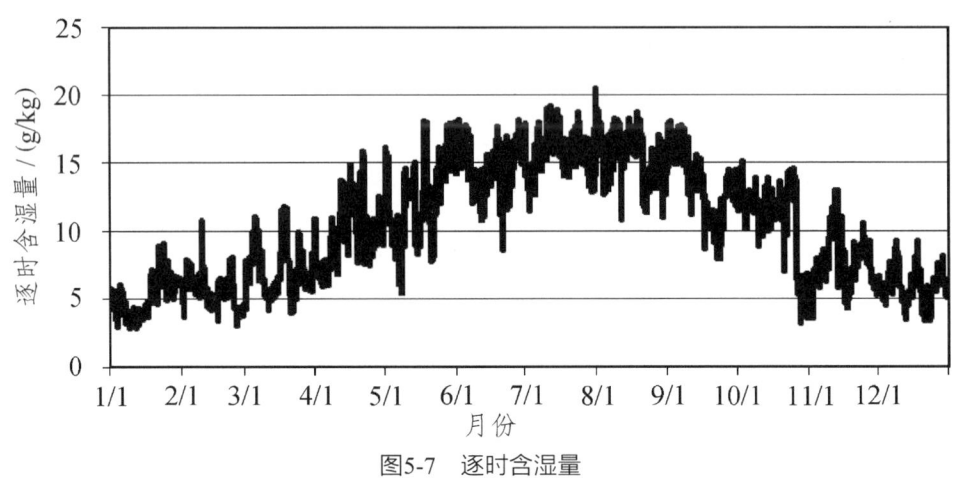

图5-7 逐时含湿量

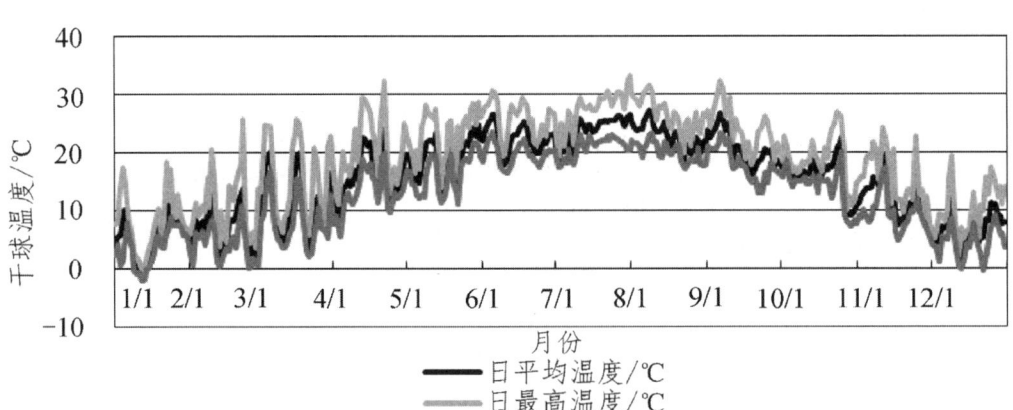

图5-8 各天干球温度分布图

第5章 洞库式数据中心排热通风计算

1. 当进风温度＞15℃时

室外新风经等焓加湿，空气处理过程为$W—E$；通过冷通道，考虑其温升为0.5 ℃，空气状态变化过程为$E—X$，温升后的空气焓值为t'_x=72.0 kJ/kg。考虑在空-空换热器（冷凝器）处带走来自空调制冷模块处的热量，对于空气作为传热介质的空气强迫对流传热，其传热温度一般可达3～10 ℃温度，初步估计为6.5 ℃，沿着等湿线升温，空气处理过程为$X—P$，得空气经过外循环后的状态下空气焓值为t_p=78.8 kJ/kg。如图5-9所示即为示例计算焓湿图，表5-10为示例各状态点参数。

通风量：

$$L_1 = \frac{Q'}{t'_p - t'_x} = \frac{2\,288.8 \times 1.4}{78.8 - 72.0} \times 3\,600 = 1\,696\,404.7 \text{ (kg/h)}$$

体积流量为：1 413 671 m³/h

表5-10 示例各状态点参数

参数	O	W（空调室外计算参数）	E	X	P
干球温度/℃	23.0	24.8	23.5	24.0	30.5
湿球温度/℃	15.9	22.2	22.2	22.3	23.9
相对湿度/%	50.0	80.8	90.0	87.2	59.6

续表

参数	O	W（空调室外计算参数）	E	X	P
含湿量/（g/kg）	10.0	18.2	18.8	18.8	18.8
焓/（kJ/kg）	48.7	71.5	71.5	72.0	78.8
露点温度/℃	11.9	21.1	21.6	21.6	21.6

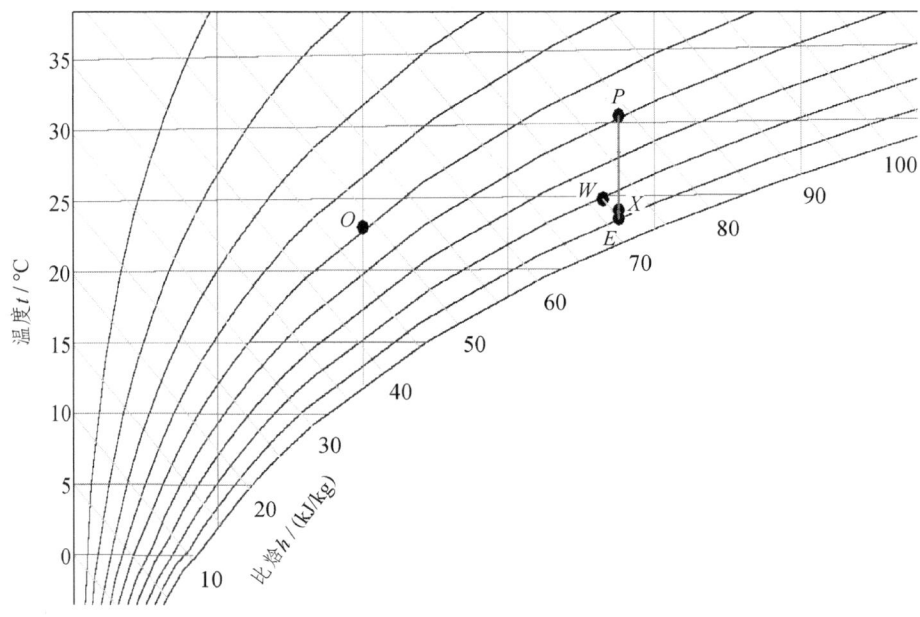

图5-9 示例计算焓湿图

2. 当进风温度≤15 ℃时

室外新风经湿膜加湿，空气处理过程为 $W-E$；通过冷通道，考虑其温升为0.5 ℃，空气状态变化过程为 $E-X$，温升后的空气焓值为 i''_x=29.1 kJ/kg。考虑在空-空换热器处带走来室内的热量，对于空气作为传热介质的空气强迫对流传热，其传热温度一般可达3~10 ℃温度，初步估计为8.5 ℃，沿着等湿线升温，空气处理过程为 $X-P$，得空气经过外循环后的状态下空气焓值为 i''_p=37.8 kJ/kg。如图5-10所示即为示例计算焓湿图，表5-11为示例各状态点参数。

通风量：

$$L_2 = \frac{Q''}{i''_p - i''_x} = \frac{2\ 288.8}{37.8-29.1} \times 3\ 600 = 947\ 089.7\ (\text{kg/h})$$

L_3 体积流量为：789 241 m³/h

表5-11 示例各状态点参数

参　数	O	W	E	X	P
干球温度/℃	23.0	14.3	9.5	10.0	18.5
湿球温度/℃	15.9	8.6	8.6	8.8	12.2
相对湿度/%	50.0	48.6	90.0	86.8	50.0

续表

参　数	O	W	E	X	P
含湿量/（g/kg）	10.0	5.6	7.6	7.6	7.6
焓/（kJ/kg）	48.7	28.6	28.6	29.1	37.8
露点温度/℃	11.9	3.6	7.8	7.8	7.8

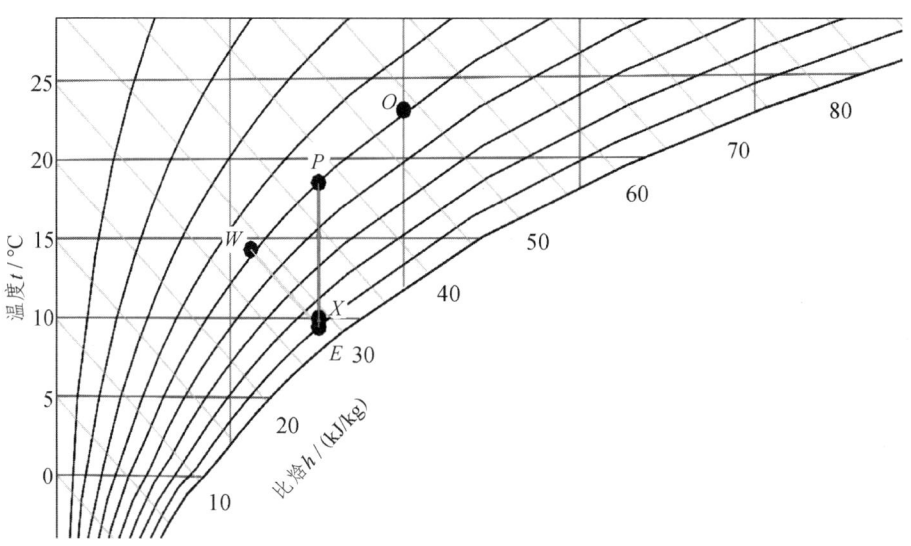

图5-10　示例计算焓湿图

5.3 通风阻力计算

上一小节不同工况需风量计算出来后,可根据洞库数据中心的风流组织及通风通道的布置、几何尺寸和风道内的风流的流速,按通风规程规范相关公式进行通风系统的摩擦阻力和局部阻力计算,此处不赘述摩擦阻力和局部阻力计算公式。

本设计中,采用假定流速法进行风道阻力计算。根据负荷计算得出IT洞库通风量,风道尺寸固定。

5.4 风机的选型压力计算

5.4.1 进排风机选型压力

风系统轴测图如图5-11所示,管段1是冷通道进口段,而后下沉往左右两边分别进入两侧冷通道,此处左右两边风量均分。管段7是进入第一组机柜的换热段,管段8是进入第二组的机柜换热段,管段9是进入第三组机柜的换热段，管段10是进入第四组机柜的换热段，管段11是进入第五组机柜的换热段，管段12、13、14、15、16为热通道主干线段。

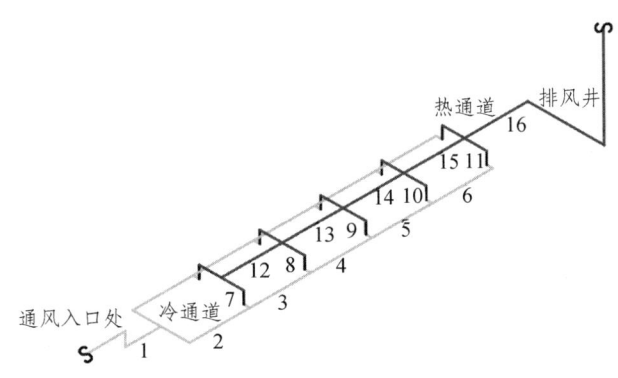

图5-11　风系统轴测图

整个风系统风机共分为3个部分，分别为入口处送风风机，出口处排风风机及空调模块风机。假定从通风入口处到冷通道及其末端的通风阻力由送风风机克服，从热通道末端到竖井并由竖井排出的通风阻力由排风风机克服。该两部分风机的升压力可以通过对其风路上摩擦阻力和局部阻力的计算进行求解。则：

送风风机选型压力为：

第5章 洞库式数据中心排热通风计算

$$H_{ft\_1} = h_1 + h_2 + h_3 + h_4 + h_5 + h_6 \tag{5-17}$$

排风风机选型压力为：

$$H_{ft\_16} = h_{L1} + h_{L2} + h_{L3} + h_{L4} + h_{L5} + h_{L6} \tag{5-18}$$

式中 h_j——支路 j 的阻力（Pa）；

H_{ft_1}——送风风机升压力（Pa）；

H_{ft_16}——排风风机升压力（Pa）。

5.4.2 空调风机选型压力

但对于空调模块风机，由于各风机之间相互形成了网络，且因每条风道的风量与阻力不同，各风机选型也不同，故需要通过通风网络理论进行逐一计算。

通风网络详图如图5-12所示，由于左右两侧冷风管道计算原理相同，现只对一侧进行通风网络理论推导。每侧的空调模块背部有4个进风口并装有空调风机，分别为上侧两个和下侧两个且同侧风机选型相同，故结合实际可将图5-12简化为图5-13所示通风网络简图。图5-13

中：数字"1"为边号，e_1、e_{16}为风机边，同时有风机升压力和管道通风阻力；e_{17}为自然风虚边，仅有自然风升压力；$e_7 \sim e_{11}$和$e_{18} \sim e_{22}$均为空调边，同时有空调升压力和通风阻力其中$e_7 \sim e_{11}$中的空调为上侧空调，$e_{18} \sim e_{22}$中的空调为下侧空调；$e_3 \sim e_6$、$e_{12} \sim e_{15}$分别为冷风和热风管道边，仅有通风阻力，"①"为节点号。

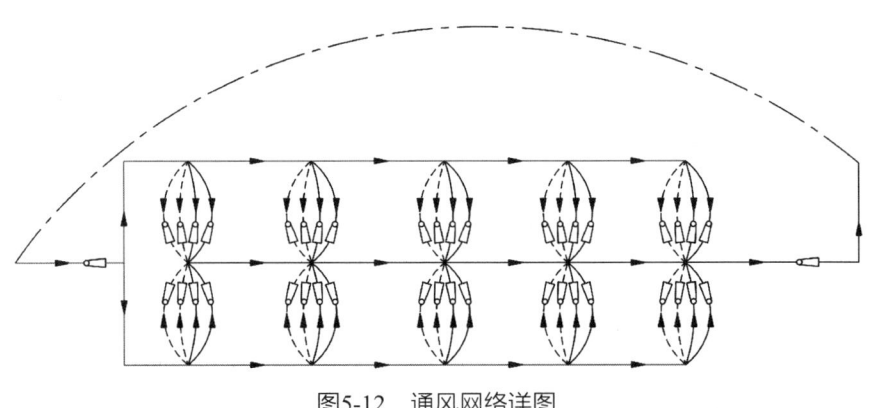

图5-12　通风网络详图

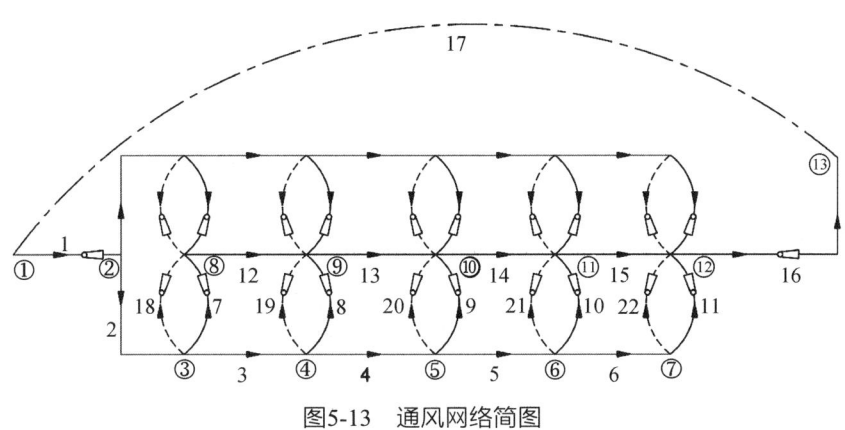

图5-13 通风网络简图

根据$e_1 \sim e_2 \sim e_7 \sim e_{12} \sim e_{13} \sim e_{14} \sim e_{15} \sim e_{16} \sim e_{17}$回路风压平衡可得：

$$h_1 + h_2 + h_7 + h_{12} + h_{13} + h_{14} + h_{15} + h_{16} - H_{ft\_1} - H_{ft\_16} - H_{a\_c7} - H_N = 0 \quad (5-19)$$

式中 H_{a_cj}——支路空调总升压力（Pa）；

H_N——自然风压力（Pa）。

由于风机支路分为上下两层，且两层对应通风阻力和风机型号不同，以③和⑧节点间空调边为例简化为7号和18号边，H_{a_c7}表示e_7支路空调总升压力值。

通过式（5-20）可计算出e_7支路所需空调升压力值并对空调进行选型，根据$e_7 \sim e_{12} \sim e_8 \sim e_3$和$e_7 \sim e_{18}$回路风压平衡可得：

$$H_{a\_c7} = (h_1 + h_2 + h_7 + h_{12} + h_{13} + h_{14} + h_{15} + h_{16}) - H_{ft\_1} - H_{ft\_16} -$$
$$h_7 + h_{12} - h_8 - h_3 - H_{a\_c7} + H_{a\_c8} = 0 \quad (5\text{-}20)$$

通过式（5-21）计算出e_8支路所需空调压力值并对空调进行选型，根据$e_7 \sim e_{12} \sim e_{13} \sim e_4 \sim e_3$或$e_8 \sim e_{13} \sim e_9 \sim e_4$等回路风压平衡可得：

$$H_{a\_c8} = H_{a\_c7} - (h_7 + h_{12} - h_8 - h_3) \quad (5\text{-}21)$$

$$h_7 + h_{12} + h_{13} - h_9 - h_4 - h_3 - H_{a\_c7} + H_{a\_c9} = 0 \quad (5\text{-}22)$$

或 $\quad h_8 + h_{13} - h_9 - h_4 - H_{a\_c8} + H_{a\_c9} = 0 \quad (5\text{-}23)$

通过式（5-22）或（5-23）均可解得e_9支路所需空调压力值并对空调进行选型，根据$e_7 \sim e_{12} \sim e_{13} \sim e_{14} \sim e_{10} \sim e_5 \sim e_4 \sim e_3$回路或$e_8 \sim e_{13} \sim e_{14} \sim e_{10} \sim e_5 \sim e_4$回路或$e_9 \sim e_{14} \sim e_{10} \sim e_5$等回路风压平衡可得：

$$H_{a\_c9} = H_{a\_c7} - (h_7 + h_{12} + h_{13} - h_9 - h_4 - h_3) \quad (5\text{-}24)$$

$$h_7 + h_{12} + h_{13} + h_{14} - h_{10} - h_3 - h_4 - h_5 - H_{a\_c7} + H_{a\_c10} = 0 \quad (5\text{-}25)$$

或 $\quad h_8 + h_{13} + h_{14} - h_{10} - h_4 - h_5 - H_{a\_c8} + H_{a\_c10} = 0 \quad (5\text{-}26)$

或 $\quad h_9 + h_{14} - h_{10} - h_5 - H_{a\_c9} + H_{a\_c10} = 0 \quad$ （5-27）

通过式（5-25）或（5-26）或（5-27）均可解得e_{10}支路所需空调升压力值并对空调进行选型，根据$e_7 \sim e_{12} \sim e_{13} \sim e_{14} \sim e_{15} \sim e_{11} \sim e_6 \sim e_5 \sim e_4 \sim e_3$回路或$e_8 \sim e_{13} \sim e_{14} \sim e_{15} \sim e_{11} \sim e_6 \sim e_5 \sim e_4$回路或$e_9 \sim e_{14} \sim e_{15} \sim e_{11} \sim e_6 \sim e_5$回路或$e_{10} \sim e_{15} \sim e_{11} \sim e_6$等回路风压平衡可得：

$$H_{a\_c10} = H_{a\_c7} - (h_7 + h_{12} + h_{13} + h_{14} - h_{10} - h_3 - h_4 - h_5) \quad （5\text{-}28）$$

$$h_7 + h_{12} + h_{13} + h_{14} + h_{15} - h_{11} - h_3 - h_4 - h_5 - h_6 - H_{a\_c7} + H_{a\_c11} = 0 \quad （5\text{-}29）$$

$$h_8 + h_{13} + h_{14} + h_{15} - h_{11} - h_4 - h_5 - h_6 - H_{a\_c8} + H_{a\_c11} = 0 \quad （5\text{-}30）$$

$$h_9 + h_{14} + h_{15} - h_{11} - h_5 - h_6 - H_{a\_c9} + H_{a\_c11} = 0 \quad （5\text{-}31）$$

$$h_{10} + h_{15} - h_{11} - h_6 - H_{a\_c10} + H_{a\_c11} = 0 \quad （5\text{-}32）$$

通过式（5-29）或（5-30）或（5-31）或（5-32）均可解得e_{11}支路所需空调升压力值并对空调进行选型。

$$H_{a\_c11} = H_{a\_c7} - (h_7 + h_{12} + h_{13} + h_{14} + h_{15} - h_{11} - h_3 - h_4 - h_5 - h_6) \quad （5\text{-}33）$$

对于空调边简化后的另外一条支路，包括18~22支路，均可由两空调边间的风压平衡方程解得，以18号边和7号回路为例，建立回路风压平衡方程如下：

$$h_7 - h_{18} - H_{a\_c7} + H_{a\_c18} = 0 \quad (5\text{-}34)$$

$$H_{a\_c18} = H_{a\_c7} - (h_7 - h_{18}) \quad (5\text{-}35)$$

同理可求得其他空调边的空调升压力计算值如下：

$$H_{a\_c19} = H_{a\_c8} - (h_8 - h_{19}) \quad (5\text{-}36)$$

$$H_{a\_c20} = H_{a\_c9} - (h_9 - h_{20}) \quad (5\text{-}37)$$

$$H_{a\_c21} = H_{a\_c10} - (h_{10} - h_{21}) \quad (5\text{-}38)$$

$$H_{a\_c22} = H_{a\_c11} - (h_{11} - h_{22}) \quad (5\text{-}39)$$

综合上述计算结果，已知送风风机、排风风机升压力和自然风压力，再根据通风阻力计算公式计算得出各支路阻力，可以得到各支路所需的空调压力值，从而对其进行选型。

5.5 基于空调主风机选型压力计算

现不在入口处与出口处设置风机，通风入口处到冷通道及其末端的通风阻力与从热通道末端到竖井并由竖井排出的通风阻力都由空调主风机克服，通风网络图如图5-14所示。

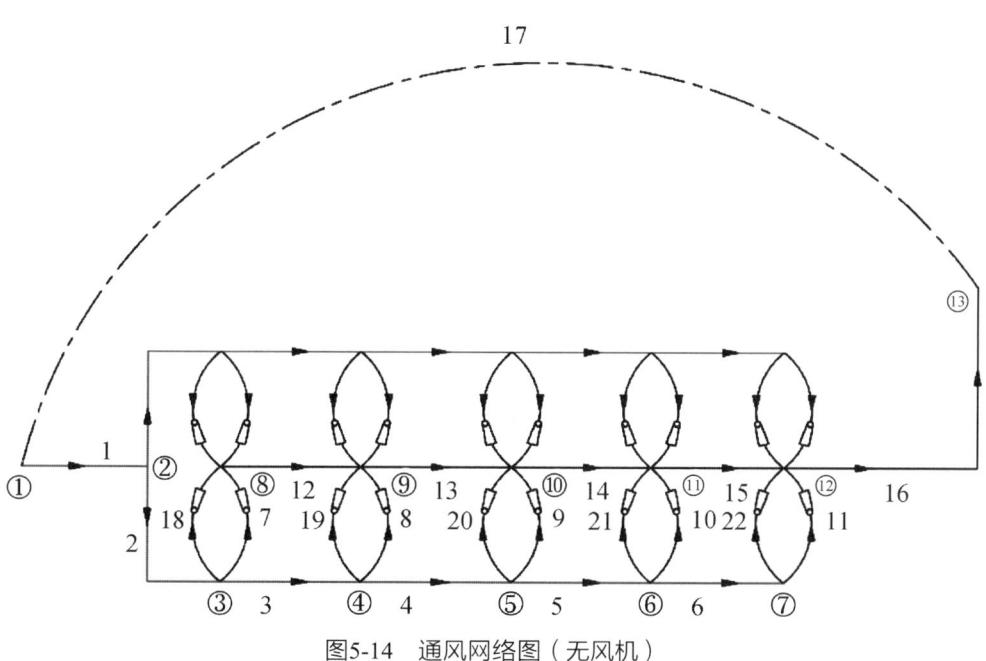

图5-14 通风网络图（无风机）

根据 $e_1 \sim e_2 \sim e_7 \sim e_{12} \sim e_{13} \sim e_{14} \sim e_{15} \sim e_{16} \sim e_{17}$ 回路风压平衡可得：

$$h_1 + h_2 + h_7 + h_{12} + h_{13} + h_{14} + h_{15} + h_{16} - H_{a\_c7} - H_N = 0 \qquad (5\text{-}40)$$

式中　H_{a_cf}——支路空调总升压力（Pa）；

　　　H_N——自然风压力（Pa）。

通过式（5-40）可计算出 e_7 支路所需空调升压力值并对空调进行选型，根据 $e_7 \sim e_{12} \sim e_8 \sim e_3$ 可得：

$$H_{a\_c7} = (h_1 + h_2 + h_7 + h_{12} + h_{13} + h_{14} + h_{15} + h_{16}) - H_N$$

$$h_7 + h_{12} - h_8 - h_3 - H_{a\_c7} + H_{a\_c8} = 0 \qquad (5\text{-}41)$$

通过式（5-41）计算出 e_8 支路所需空调压力值并对空调进行选型，根据 $e_7 \sim e_{12} \sim e_{13} \sim e_9 \sim e_4 \sim e_3$ 或 $e_8 \sim e_{13} \sim e_9 \sim e_4$ 等回路风压平衡可得：

$$H_{a\_c8} = H_{a\_c7} - (h_7 + h_{12} - h_8 - h_3) \qquad (5\text{-}42)$$

$$h_7 + h_{12} + h_{13} - h_9 - h_4 - h_3 - H_{a\_c7} + H_{a\_c9} = 0 \qquad (5\text{-}43)$$

或

$$h_8 + h_{13} - h_9 - h_4 - H_{a\_c8} + H_{a\_c9} = 0 \qquad (5\text{-}44)$$

第5章 洞库式数据中心排热通风计算

通过式（5-43）或（5-44）均可解得e_9支路所需空调压力值并对空调进行选型，根据$e_7 \sim e_{12} \sim e_{13} \sim e_{14} \sim e_{10} \sim e_5 \sim e_4 \sim e_3$回路或$e_8 \sim e_{13} \sim e_{14} \sim e_{10} \sim e_5 \sim e_4$回路或$e_9 \sim e_{14} \sim e_{10} \sim e_5$等回路风压平衡可得：

$$H_{a\_c9} = H_{a\_c7} - (h_7 + h_{12} + h_{13} - h_9 - h_4 - h_3) \quad （5\text{-}45）$$

$$h_7 + h_{12} + h_{13} + h_{14} - h_{10} - h_3 - h_4 - h_5 - H_{a\_c7} + H_{a\_c10} = 0 \quad （5\text{-}46）$$

或 $$h_8 + h_{13} + h_{14} - h_{10} - h_4 - h_5 - H_{a\_c8} + H_{a\_c10} = 0 \quad （5\text{-}47）$$

或 $$h_9 + h_{14} - h_{10} - h_5 - H_{a\_c9} + H_{a\_c10} = 0 \quad （5\text{-}48）$$

通过式（5-46）或（5-47）或（5-48）均可解得e_{10}支路所需空调升压力值并对空调进行选型，根据$e_7 \sim e_{12} \sim e_{13} \sim e_{14} \sim e_{15} \sim e_{11} \sim e_6 \sim e_5 \sim e_4 \sim e_3$回路或$e_8 \sim e_{13} \sim e_{14} \sim e_{15} \sim e_{11} \sim e_6 \sim e_5 \sim e_4$回路或$e_9 \sim e_{14} \sim e_{15} \sim e_{11} \sim e_6 \sim e_5$回路或$e_{10} \sim e_{15} \sim e_{11} \sim e_6$等回路风压平衡可得：

$$H_{a\_c10} = H_{a\_c7} - (h_7 + h_{12} + h_{13} + h_{14} - h_{10} - h_3 - h_4 - h_5) \quad （5\text{-}49）$$

$$h_7 + h_{12} + h_{13} + h_{14} + h_{15} - h_{11} - h_3 - h_4 - h_5 - h_6 - H_{a\_c7} + H_{a\_c11} = 0 \quad （5\text{-}50）$$

$$h_8 + h_{13} + h_{14} + h_{15} - h_{11} - h_4 - h_5 - h_6 - H_{a\_c8} + H_{a\_c11} = 0 \quad (5\text{-}51)$$

$$h_9 + h_{14} + h_{15} - h_{11} - h_5 - h_6 - H_{a\_c9} + H_{a\_c11} = 0 \quad (5\text{-}52)$$

$$h_{10} + h_{15} - h_{11} - h_6 - H_{a\_c10} + H_{a\_c11} = 0 \quad (5\text{-}53)$$

通过式（5-50）或（5-51）或（5-52）或（5-53）均可解得e_{11}支路所需空调升压力值并对空调进行选型。

$$H_{a\_c11} = H_{a\_c7} - (h_7 + h_{12} + h_{13} + h_{14} + h_{15} - h_{11} - h_3 - h_4 - h_5 - h_6) \quad (5\text{-}54)$$

对于空调边简化后的另外一条支路，包括18~22支路，均可由两空调边间的风压平衡方程解得，以18号边和7号回路为例，建立回路风压平衡方程如下：

$$h_7 - h_{18} - H_{a\_c7} + H_{a\_c18} = 0 \quad (5\text{-}55)$$

$$H_{a\_c18} = H_{a\_c7} - (h_7 - h_{18}) \quad (5\text{-}56)$$

同理可求得其他空调边的空调升压力计算值如下：

$$H_{a\_c19} = H_{a\_c8} - (h_8 - h_{19}) \quad (5\text{-}57)$$

$$H_{a\_c20} = H_{a\_c9} - (h_9 - h_{20}) \quad (5\text{-}58)$$

$$H_{a\_c21} = H_{a\_c10} - (h_{10} - h_{21}) \quad (5\text{-}59)$$

$$H_{a\_c22} = H_{a\_c11} - (h_{11} - h_{22}) \quad (5\text{-}60)$$

综合上述计算结果，在仅有空调风机克服通风阻力时，通过计算一条通路得到该通路的空调风机升压力，再根据通风阻力计算公式计算得出各支路阻力，就可以得到各支路所需的空调压力值，从而对其进行选型。

参考文献

[1] 春军伟，李本云，张安睿，等. 探析地下数据中心建造发展现状与挑战[J]. 地下空间与工程学报，2022，18（6）：1779-1788.

[2] 叶萌，张学伟，盖东兴. 数据中心气流组织研究综述[J]. 绿色科技，2021，23（24）：218-221，228.

[3] 周煜康. 风墙数据中心气流组织研究及能耗分析[D]. 陕西：西安电子科技大学，2015.

[4] 严瀚. 气流组织对数据中心空调系统能耗影响的研究[D]. 上海：上海交通大学，2017.

[5] 魏赠，肖新文，曾春利. 数据中心风墙气流组织的CFD模拟研究[J]. 建筑节能（中英文），2022，50（3）：124-129.

[6] 许伟伟. 数据中心机房空调气流组织研究[D]. 北京：北方工业大学，2023.

[7] 朱永康. 数据中心机房组合式送风方式数值模拟研究及其可行性探讨[D]. 南京：南京师范大学，2019.

[8] 吴智勇. 数据中心气流组织改善及开机策略研究[D]. 沈阳：东北大学，2018.

[9] 管仁波. 数据中心全新风通风降温技术研究[D]. 郑州：中原工学院，2016.

[10] 张亚静，朱建章，郭建雄，等. 铁路某数据中心控制大厅气流组织设计探讨[J]. 暖通空调，2011，41（8）：7-11.

[11] 中国建筑科学研究院. 民用建筑供暖通风与空气调节设计规范：GB 50736—2012[S]. 北京：中国建筑工业出版社，2012.

[12] 张杰，周浩，冯壮波，等. 小型数据中心气流组织及能耗优化[J]. 天津大学学报（自然科学与工程技术版），2014，47（7）：647-652.

[13] 吕继祥，王铁军，赵丽，等. 基于自然冷却技术应用的数据中心空调节能分析[J]. 制冷学报，2016，37（3）：113-118.

[14] 张海南，邵双全，田长青. 数据中心自然冷却技术研究进展[J].

制冷学报，2016，37（4）：46-57.

[15] 陈广闯，张军. 数据中心自然冷却技术研究综述[J]. 建筑热能通风空调，2020，39（7）：46-51.

[16] 折建利，黄翔，刘凯磊，等. 自然冷却技术在数据中心的应用[J]. 制冷，2017，36（1）：60-65.

[17] 陈心拓，周黎旸，张程宾，等. 绿色高能效数据中心散热冷却技术研究现状及发展趋势[J]. 中国工程科学，2022，24（4）：94-104.

[18] 韩文锋，陶杨，陈爱民，等. 数据中心高效绿色冷却技术[J]. 制冷与空调，2021，21（2）：78-90.

[19] 胡力文. 基于自然冷却的数据中心复合制冷空调系统研究[D]. 合肥：合肥工业大学，2019.

[20] 智伟威，周新星，杨磊. PUE在数据中心节能管理中的应用研究[J]. 智能建筑，2021（12）：70-71，77.

[21] 赵墨，林坤平. 海口地区数据中心制冷系统节能分析[J]. 暖通空调，2022，52（S01）：51-56.

[22] 张娴，戴新强，李翔. 海南某数据中心空调系统设计[J]. 暖通空调，2022，52（1）：117-120.

[23] 卢洪明，刘先锋，周舟，等. 机器学习方法的云数据中心能耗模型研究[J]. 小型微型计算机系统，2023，44（9）：1966-1973.

[24] 邹星乾，张志龙，贾红卫，等. 基于鲁西南大数据中心项目降低PUE指标的技术措施[J]. 安装，2022（1）：29-31.

[25] 李安香，沈庆飞，周鑫，等. 基于能源计量提高数据中心PUE准确性的方法[J]. 计量科学与技术，2021，65（9）：44-47.

[26] 乐海林. 基于全球典型城市全年气象参数的数据中心空调系统节能性分析[J]. 暖通空调，2022，52（2）：63-68.

[27] 毛媛媛，石恩雅，蒋从锋，等. 基于遗传算法的数据中心能效仿真[J]. 计算机工程与科学，2021，43（8）：1341-1352.

[28] 高福义，姚钦锋，鄢然，等. 集群控制在数据中心风冷空调中的应用[J]. 暖通空调，2021，51（11）：59-63，76.

[29] 程小静，刘彬. 简析数据中心空调系统节能技术的应用[J]. 建筑热能通风空调，2021，40（7）：52-55.

[30] 温亮. 降低数据中心PUE的方法维度与前沿趋势[J]. 电信快报, 2022（6）：43-46.

[31] 武义, 王秀芳. 冷却塔供冷技术在数据中心的应用[J]. 山西建筑, 2021, 47（19）：145-147.

[32] 邵华厦. 某金融机构数据中心空调系统节能设计[J]. 上海节能, 2022（4）：527-531.

[33] 田振武, 王桂坤, 陆晓宇, 等. 某数据中心空调末端设计分析[J]. 电信快报, 2021（11）：44-46.

[34] 姜修涛, 程占龙, 贾红卫, 等. 浅谈大数据中心制冷系统设计及经济性分析[J]. 安装, 2022（4）：65-68.

[35] 俞名扬. 浅谈数据中心冷源群控系统采用的节能措施[J]. 电子测试, 2022（3）：107-109, 71.

[36] 刘聪. 上海某公司数据中心节能改良方案讨论[J]. 内蒙古科技与经济, 2022（2）：103-104.

[37] 张浩, 秦宏波, 侯震寰. 上海市互联网数据中心能效状况研究[J]. 上海节能, 2021（12）：1359-1364.

[38] 王于虎，王晓亮，万彩云，等．深圳某数据中心空调冷源系统设计[J]．暖通空调，2021，51（S02）：225-230．

[39] 颜晓光．首钢园区数据中心空调系统设计及节能经济效益分析[J]．制冷与空调（四川），2021，35（6）：875-883．

[40] 景淼，贾峻，杨威．数据中心大温差水蓄冷技术节电应用[J]．智能建筑电气技术，2022，16（1）：101-104．

[41] 谢静，王颖，姚志强．数据中心关键节能技术措施测试验证[J]．建筑热能通风空调，2021，40（12）：83-85，90．

[42] 张宁，张泉，黄振霖，等．数据中心湖水源自然冷却系统现场性能测试分析[J]．暖通空调，2022，52（2）：70-74．

[43] 中国建筑科学研究院．高效制冷机房技术规程：T/CECS1012—2022[S]．北京：中国建筑工业出版社，2022．

[44] 王铭祥．数据中心机房节能运行现状与问题分析[J]．现代工业经济和信息化，2022，12（1）：262-263，266．

[45] 李勇伟，郝鹏，郑庆华．数据中心冷空调系统节能措施研究与应用[J]．节能，2021，40（8）：42-44．

[46] 沈雪红. 数据中心冷量动态调节技术的研究[J]. 长江信息通信，2021，34（11）：158-160.

[47] 中华人民共和国工业和信息化部. 数据中心设计规范：GB 50174—2017[S]. 北京：中国计划出版社，2017.

[48] 周清，张誩晟，沈子钰，等. 数据中心内服务器能耗数据采集及特征分析[J]. 数据采集与处理，2021，36（5）：986-995.

[49] 张忠斌，邵小桐，宋平，等. 数据中心能效影响因素及评价指标[J]. 暖通空调，2022，52（3）：148-156，99.

[50] 张新昌，郭世鹏，王亚泽，等. 数据中心水蓄冷削峰填谷的经济性分析[J]. 节能与环保，2022（5）：26-28.

[51] 王艳松，张琦，孙聪，等. 数据中心液冷技术发展分析[J]. 电力信息与通信技术，2021，19（12）：69-74.

[52] 卢大为，王飞，王建民，等. 数据中心用热管空调系统研究进展[J]. 流体机械，2022，50（1）：75-84.

[53] 刘宇轩，陆婷婷，李宏哲，等. 数据中心用压缩机：热管空调的试验及应用研究[J]. 液压气动与密封，2022，42（7）：42-45.

[54] 马钢，黄翔，杜妍，等. 数据中心用蒸发冷却空气处理机组适用性及能耗分析[J]. 制冷与空调，2022，22（4）：91-96.

[55] 谢丽娜，李洁. 数据中心余热回收技术与应用研究[J]. 中国电信业，2021（S01）：35-40.

[56] 王淑玲. 数据中心在不同供冷方式下的实例分析[J]. 节能，2022，41（2）：71-73.

[57] 王彬，邓斌，易强，等. 数据中心在不同空调方案下的PUE及经济性比较[J]. 建筑热能通风空调，2021，40（8）：51-54.

[58] 郑品迪. 数字孪生数值模拟平台实现数据中心节能降耗分析[J]. 现代信息科技，2022，6（12）：78-82.

[59] 唐瑞，熊汉兵，杨艳，等. 武汉某数据中心空调系统设计及节能分析[J]. 暖通空调，2022，52（5）：96-101，35.

[60] 程小静，刘彬，鄢康俊，等. 燕郊某数据中心风墙空调系统设计[J]. 暖通空调，2022，52（8）：65-68.

[61] 杨傲，马春苗，伍卫国，等. 一种面向数据中心的能耗感知虚拟机放置策略[J]. 西安电子科技大学学报，2022，49（5）：145-153.

[62] 杨馥宁，刘先勤. 云计算数据中心节能关键技术的研究[J]. 计算机与网络，2021（19）：42-43.

[63] 郭亮，齐旭. 云数据中心自然冷技术及应用效果分析[J]. 中国电信业，2021（S01）：50-54.

[64] 王彬，邓斌，易强，等. 针对不同地区、不同空调系统的数据中心PUE及经济性比较[J]. 暖通空调，2021，51（S02）：184-187.

[65] 李佐洋，白雪莲，任飞，等. 重庆某数据中心冷却塔冬季供冷能力分析[J]. 制冷与空调（四川），2021，35（4）：547-551.

[66] 乔雅静，袁培，刘梅，等. 自然冷源在数据中心空调系统中的应用[J]. 制冷与空调，2022，22（4）：71-77.